全民经典阅读

科学□□
——揭示化学在生活中的魅力

文旭先 ◎主编

成都地图出版社
CHENGDU DITU CHUBANSHE

图书在版编目（CIP）数据

科学之美：揭示化学在生活中的魅力 / 文旭先主编 .
成都 : 成都地图出版社有限公司 , 2025. 6. -- ISBN
978-7-5557-2732-3

Ⅰ. O6-49

中国国家版本馆 CIP 数据核字第 2025AC4413 号

科学之美——揭示化学在生活中的魅力
KEXUE ZHI MEI—JIESHI HUAXUE ZAI SHENGHUO ZHONG DE MEILI

主　　编：文旭先
责任编辑：沈　蓉
封面设计：李　超

出版发行：成都地图出版社有限公司
地　　址：四川省成都市龙泉驿区建设路 2 号
邮政编码：610100

印　　刷：三河市人民印务有限公司
（如发现印装质量问题，影响阅读，请与印刷厂商联系调换）

开　　本：710mm×1000mm　1/16
印　　张：10　　　　　　字　　数：140 千字
版　　次：2025 年 6 月第 1 版
印　　次：2025 年 6 月第 1 次印刷
书　　号：ISBN 978-7-5557-2732-3
定　　价：49.80 元

前言
PREFACE

PREFACE
前言

宇宙是由物质组成的。化学则是人类用以认识和改造物质世界的主要方法和手段之一，它是一门历史悠久而又富有活力的学科，它与人类进步和社会发展的关系非常密切，它的成就是社会文明的重要标志。

化学与人类的生活密切相关。

一方面，化学为人类提供衣、食、住、行等的原料，提供必要的能源和研制开发新材料的元素和物质；另一方面，化学在保护人类的生存环境，帮助人类战胜疾病、延年益寿，增强国防力量、保障国家安全等方面也起着极其关键的作用。目前全球关注的热点问题如环境保护、能源的开发和利用、新材料的研制、探索生命的奥秘等都与化学密切相关。

另外，当今人们遭受各种食品安全问题的困扰，各种化学添加剂及化学制品导致的危害人身安全事件频频发生。既然危害时有发生，很难避免，那么，选择对于我们来说就显得尤为重要，这就要求我们学习日常生活中的化学知识，以便保证自己的健康不受损害。

本书是一本认识化学现象和化学本质的知识性科普读物，旨在提高读者的化学认知水平，使读者对化学有更通俗的了解，从而使读者的生活质量更高，视野更开阔，更能防患于未然。

目录

CHAPTER 1
食品与化学

CHAPTER 2

穿戴与化学

CHAPTER 5

其他有趣的化学现象

食品与化学

　　"民以食为天。"人类生存离不开食品，而食品与化学联系紧密。随着社会经济的发展和人们生活质量的提高，食品安全越来越成为人们关注的社会热点问题。近年来，食品安全事件频发，如核污染事件、山寨饮料事件、冒牌土鸡蛋事件、敌敌畏海参事件、瘦肉精事件等。虽然我们不一定能明白这些事件背后的化学知识，但我们应当简单了解其中的原理，这对培养我们的食品安全意识是有益的。

生柿子为什么有涩味

❓ 你知道吗

不管是北方人还是南方人都会有这样的生活经验：柿子树上黄澄澄的柿子还不能吃，一尝，有涩味。这是因为柿子还没有完全成熟吗？是的。但是如果柿子完全熟了，那就不利于人们采摘、运输和贮存了。因此，人们往往是在柿子还未完全成熟

柿 子

的时候就把它摘下来，放上一段时间，它就成了又香又甜的熟柿子了。

那么，为什么生柿子会有涩味呢？

 化学原理

原来，这是因为生柿子中含有鞣酸（又叫单宁酸），它是使生柿子带涩味的原因。

为了把生柿子中的涩味去掉，人们在不断的生活实践中想出了许多办法。有的用稻草或者松针把生柿子一层一层盖起来，或者把生柿子和梨一起埋在稻草或松针中，过一段时间，生柿子的涩味就没有了。还有的直接用热水把生柿子一烫，生柿子的涩味也会被除去。

现在人们采用"二氧化碳脱涩法"来去掉生柿子中的涩味，这实际上是对以前人们生活经验的总结。人们把生柿子放在密闭的空

间内，然后增加空间内二氧化碳的浓度，降低氧气的浓度。这样一来，生柿子就不能进行正常的呼吸，只能在缺乏氧气的条件下呼吸。在缺氧条件下，生柿子内部会产生乙醛、丙酮等有机物，这些有机物能将溶解于水的鞣酸变成难以溶解于水的物质，从而使柿子去除涩味而变得又香又甜了。

如果你也有几个生柿子想"脱涩"的话，可以将它们放在塑料袋内，然后把袋口扎紧。一般过几天后，就可以达到脱涩的目的。

乙 醛

知识小链接

乙醛，又称醋醛，属醛类，是一种分子式为 CH_3CHO 的有机化合物。由于乙醛在大自然当中广泛存在以及在工业上被大规模生产，所以它被认为是醛类当中最重要的化合物之一。乙醛存在于咖啡、面包、成熟的水果中，它还可以作为植物的代谢产物而生成。乙醛还可通过乙醇的氧化获得，因此乙醛被人们认为是宿醉的成因。乙醛常温下为液态，无色、可燃，有刺鼻的气味。其熔点为 $-123.4\ ℃$，沸点为 $20.8\ ℃$。它可以被还原为乙醇，也可以被氧化成乙酸。

延伸阅读

你知道吗，营养丰富的水果也"暗藏杀机"。有人错误地认为，水果营养成分高，多吃对人有好处。其实不然。比如，苹果含有糖分和钾盐，吃多了对心脏不利，冠心病、肾炎、糖尿病患者不宜多吃；柑橘性凉，肠胃不适、肾肺功能虚寒的老人不能多吃；梨含糖较多，糖尿病患者吃多了会引起血糖升高；柿子含有单宁酸、柿胶酚，胃肠不好或便秘患者应少吃，否则容易形成柿石；菠萝含有丰富的维生素 A、维生素 B、维生素 C，以及柠檬酸、蛋白酶等，有消食止泻、降压利尿等功效，但是，有些体质特异的人吃了后会出现阵阵腹痛，甚至呕吐等不适应症。

为什么糯米经过发酵就成了甜酒

 你知道吗

有一种传统食物叫作"醪糟"，它还有一个名字叫"米酒"。它虽然有酒的芳香，但却不是酒。它是用糯米或籼米经过发酵而做成的。

米酒的制法如下：将适量糯米泡软蒸熟成较干而稍硬的米后，将其置于铝盆或竹笤箕中，用冷水冲透至不黏为止。然后将碾成粉状的酒曲洒散拌匀于熟糯米中，再将它们盛于瓦缸或小碗中（因发酵时会膨胀，故不要装满），于中心处挖一小洞，密封，置于暖处（如暖气片上或覆盖棉被，温度为 29～32 ℃）24 小时，即可酿成米酒。

从糯米到香甜的酒酿，其中发生了什么奇妙的化学反应呢？

米　酒

酒　曲

 化学原理

淀粉和葡萄糖等糖类物质都属于碳水化合物，它们在分子组成上有共同之处，淀粉的分子由许许多多的葡萄糖小分子联结而成。在酒药中含有促使淀粉水解的淀粉酶，它能使淀粉变成有甜味的麦芽糖。人的唾液中也存在淀粉酶，当我们将米饭嚼得久一些时，便会有甜味产生，这就是淀粉转化为麦芽糖了。

基本小知识

碳水化合物

碳水化合物亦称糖类，是自然界存在最多、分布最广的一类重要有机化合物，主要由碳、氢、氧组成。葡萄糖、蔗糖、淀粉和纤维素等都属于糖类。食物中的碳水化合物分成两类：一类是人可以吸收利用的有效碳水化合物，如单糖、双糖、多糖；一类是人不能消化的无效碳水化合物，如纤维素。碳水化合物是人体必需的物质。

在做酒酿时，麦芽糖在麦芽糖酶的帮助下，转化为葡萄糖，另有一部分发酵成酒精。这样，原来淡而无味的糯米，就变成甘甜芳香的米酒了。

 延伸阅读

米酒富含糖、有机酸、蛋白质、维生素、酵素等，是许多地方喜闻乐见的食品，且名产甚多，比如，湖南长沙的甜酒冲蛋。此酒由洞庭湖滨产的糯米加上本地特制的甜酒药（主要为酵母

 趣味点击

淀粉酶

淀粉酶是水解淀粉、糖原生成糊精和麦芽糖等的一类酶的总称，分 α - 淀粉酶和 β - 淀粉酶。淀粉酶存在于动物的唾液、胰液，植物的胚芽和曲霉中，用于纺织物的退浆等。由于淀粉酶的高效性及专一性，酶退浆的退浆率高，退浆快，污染少，产品比酸法、碱法更柔软，且不损伤纤维。目前所用的退浆方法有热水退浆法、碱液退浆法、酶退浆法、氧化剂退浆法等。

菌和糖化菌）发酵，并用著名的长沙沙水配制而成。用其冲成的半熟蛋，动、植物蛋白兼备，极易消化。

为什么臭豆腐闻着臭，吃着香

 你知道吗

臭豆腐是许多人喜爱的一种食品，"闻着臭，吃着香"是臭豆腐的特有风味。越臭的臭豆腐，吃起来越香。没有吃过臭豆腐的人一定想不通，臭豆腐臭不可闻，为什么还有那么多的食客呢？

臭豆腐

 化学原理

我们来看臭豆腐的制法：先将大豆加工成含水量较少的豆腐，然后放入毛霉菌发酵。在发酵的过程中，豆腐中的蛋白质彻底分解，所含的含硫氨基酸也充分水解，产生少量的硫化氢气体。硫化氢有刺鼻的臭味，臭豆腐之所以"臭名昭著"，主要就是因为有硫化氢。

由于发酵充分，豆腐中的蛋白质分解得比较彻底，便产生了大量的氨基酸，许多氨基酸都具有鲜美的味道，如味精的成分

 趣味点击

硫化氢

硫化氢是一种具有腐蛋异臭的无色气体，有毒性。化学性质不稳定，在空气中会燃烧。长期或一次性过量摄入臭豆腐，会引起腹泻、恶心、头痛等症状。

之一就是一种氨基酸，叫谷氨酸钠。因此，臭豆腐吃起来就无比的鲜美可口了。

基本小知识

味 精

味精是调味料的一种，主要成分为谷氨酸钠，是以碳水化合物（淀粉、大米、糖等）为原料，经过微生物发酵、提取、中和、结晶制成的具有特殊鲜味的白色结晶或粉末，含一分子结晶水。味精不能在高温条件下进行烹、炒、煎、炸、炖，因为其中的谷氨酸钠会失去结晶水而变成无水谷氨酸钠，同时有一部分会生成焦谷氨酸钠，不仅使味精失去鲜味，还会对人体产生危害。

延伸阅读

豆制品富含营养，但如果食用豆制品的方法不对，也会对人体造成伤害。

大豆里面含有抗胰蛋白酶，抗胰蛋白酶会妨碍人体中胰蛋白酶的活动，使我们吃的蛋白质不容易被消化和吸收。大豆的外面还有一层比较结实的皮膜，使大豆不容易被煮烂。采用高温蒸煮的办法可以破坏抗胰蛋白酶，也可以把大豆外面的皮

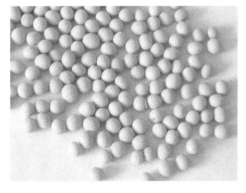

大 豆

膜去掉，所以大豆应该煮烂了吃，否则会引起消化不良，甚至腹泻。

豆 浆

豆 腐

要充分发挥大豆的营养功效，最好的办法是把大豆加工成豆浆、豆腐等豆制品，这样做可以把大豆外面坚韧的皮膜破坏，使蛋白质容易被人体消化和吸收。

酵母与发酵粉的较量

 你知道吗

我们常吃的主食，比如花卷、馒头等都是用面粉做成的，在制作的过程中都必须在面粉中添加酵母或者发酵粉，再将面粉制成各种形状，蒸熟后才会松软可口。那么你有没有想过，同样起发酵作用的酵母与发酵粉有什么不同吗？究竟哪个发酵的效果更好呢？

 化学原理

让我们通过化学反应来对比它们的不同。

酵母中含有一定量的麦芽糖酶及蔗糖酶，它们不能直接使面粉中的大量淀粉发生变化。面粉本身含有少量淀粉酶，它能使淀粉水解成麦芽糖：

$$2(C_6H_{10}O_5)_n + nH_2O \xrightarrow{\text{淀粉酶}} nC_{12}H_{22}O_{11}$$
（麦芽糖）

接着，酵母中的酶发挥作用，促进面粉中原来含有的微量蔗糖以及新产生的麦芽糖发生水解：

$$C_{12}H_{22}O_{11} + H_2O \xrightarrow{\text{蔗糖酶}} C_6H_{12}O_6 + C_6H_{12}O_6$$
（蔗糖）　　　　　　　　　（葡萄糖）　　（果糖）

$$C_{12}H_{22}O_{11} + H_2O \xrightarrow{\text{麦芽糖酶}} 2C_6H_{12}O_6$$
（麦芽糖）　　　　　　　　　（葡萄糖）

需要说明的是，蔗糖与麦芽糖、葡萄糖与果糖是分子组成相同而分子结构不相同的化合物，在化学上把它们叫作"同分异构体"。

酵母利用葡萄糖与果糖氧化提供的能量，将两种糖转化成二氧化碳和水：

$$C_6H_{12}O_6 + 6O_2 \longrightarrow 6CO_2 + 6H_2O + \text{热量}$$

生成的二氧化碳气体在面筋的网络中出不去，在面团加热蒸烤时，二氧化碳气体受热膨胀，将面团撑大了许多。

用酵母做成的食品松软可口，有特殊风味，易于消化。酵母本身含有丰富的蛋白质及维生素 B，可以增加成品的营养价值。因此，面制品大都用酵母发酵。但是对于含糖与油较多的面团，用酵母发酵往往达不到预期的效果，其原因是糖和油对酵母菌有抑制作用。另外，用酵母发酵耗费的时间长，如果没有掌握好比例，要么面团发不起来，要么面团发酸。因此，发酵粉就成了酵母的"替身"。

发酵粉一般是碳酸氢钠（NaHCO₃，又称小苏打）同磷酸二氢钠的混合物，也有用碳酸氢铵替代的。发酵粉调和在面团中，受热时就产生出二氧化碳气体，使面制品成为疏松、多孔的海绵状。使用发酵粉时不受发酵时间限制，随时可用，对多油多糖的面团照样起发泡、疏松的作用。缺点是发酵

广角镜

碳酸氢铵

碳酸氢铵，简称碳铵，是碳酸的酸式铵盐，含氮量 16.5% ~ 17.5%。当温度升高或空气湿度较大时，碳酸氢铵不稳定，易分解为氨、二氧化碳和水。碳酸氢铵是中性氮肥，适用于各种土壤和作物，施肥时，必须深施盖土。可作基肥、追肥用，不作种肥用。在食品工业中，碳酸氢铵（食品级）是很好的膨松剂，用于制作饼干、糕点。

粉的碱性会破坏面团中的维生素，降低营养价值，还会产生因混合不均匀而导致面制品中有的地方碱太多发黄而不能吃的情况。

由此可见，酵母是一种生物膨松剂，而发酵粉是一种化学膨松剂，它们各有千秋。但总的说来，人们通常都是用酵母来发酵面粉做馒头等面食的。

延伸阅读

除了酵母和发酵粉，面点师傅还会常用一种发酵剂做西点，那就是泡打粉，那这种发酵剂又有什么特别之处呢？

泡打粉又叫快速发酵粉，也是一种化学膨松剂，膨松原理与小苏打相同。它和小苏打都可以单独使用。泡打粉的主要成分是小苏打、酸性盐和中性填充物（淀粉）。酸性盐分为强酸和弱酸两种：

强酸——快速发粉（遇水就发）；弱酸——慢速发粉（要遇热才发）。混合发粉——双效泡打粉，最适合蛋糕用。

泡打粉

泡打粉虽然有苏打粉的成分，但是它经过精密检测后加入了酸性粉（如塔塔粉）来平衡它的酸碱度。虽然苏打粉是带碱物质，但是基本上市售的泡打粉却是中性粉。因此，苏打粉和泡打粉是不能任意替换的。至于作为泡打粉中填充物的玉米粉，主要是用来分隔泡打粉中的酸性粉末及碱性粉末，避免它们过早反应。若泡打粉使用过量也会使成品粗糙，影响风味甚至外观，因此使用上要注意分量。

苏打粉与泡打粉虽然都是西点常用的化学膨松剂，但因膨胀力及酸碱度不同，最好不要任意替换。

鸭蛋如何变成美味的松花蛋

？ 你知道吗

很多人不太喜欢吃鸭蛋，认为它无论是在味道上还是营养价值上都略逊鸡蛋一筹，不过如果是用它制成的松花蛋，则就另当别论了。那么，从普通的鸭蛋到美味的松花蛋，其中产生了怎样的化学变化呢？

松花蛋

化学原理

松花蛋是以纯碱、生石灰、食盐、茶叶、黄丹粉（氧化铅）、草木灰等为主要原料腌制而成的一种蛋制品。制作过程是：先把以上原料按一定的比例溶于水制成糊状物，在发生一系列的化学反应后，生成氢氧化钠、氢氧化钾和碳酸钙，其化学反应方程式如下：

$$CaO + H_2O =\!=\!= Ca（OH）_2$$
$$Ca（OH）_2 + Na_2CO_3 =\!=\!= CaCO_3 \downarrow + 2NaOH$$
$$Ca（OH）_2 + K_2CO_3 =\!=\!= CaCO_3 \downarrow + 2KOH$$

知识小链接

碳酸钙

碳酸钙是一种化合物，化学式是 $CaCO_3$，呈碱性，基本上不溶于水，溶于酸。它是方解石、白垩、石灰石、大理石等岩石的主要成分，亦为动物骨骼或外壳的主要成分。可用来制造光学玻璃原料、涂料原料，食品工业中可作为添加剂使用。

然后把鸭蛋涂上一层糊状物，再用泥混合以上糊状物把鸭蛋包住，促使鸭蛋的蛋白变性凝固而呈胶冻状，同时其他离子和茶中的鞣酸促使蛋白质凝固和沉淀，使蛋黄凝固和收缩。最后将包好的鸭蛋放入封口坛内，15～30天就制成松花蛋了。

 广角镜

离 子

离子是指原子由于自身或外界的作用而失去或得到一个或几个电子后所形成的带电粒子。带电的原子团亦称"离子"。带一个或多个正电荷的称"正离子"，带一个或多个负电荷的称"负离子"。与分子、原子一样，离子也是构成物质的基本粒子。

那么，氢氧化钠与氢氧化钾究竟是怎样与蛋白质作用的呢？

蛋白的主要化学成分是蛋白质，蛋白质会分解成氨基酸。

氨基酸分子结构中有一个显碱性的氨基（－NH_2）和一个呈酸性的羧基（－COOH）。氨基酸既能跟酸性物质作用，又能跟碱性物质作用。

强碱（氢氧化钠、氢氧化钾）经蛋壳渗入蛋清和蛋黄中，与蛋白质作用，致使蛋白质分解、凝固并放出少量的硫化氢气体。同时渗入的碱还会与蛋白质分解出的氨基酸进一步发生中和反应，生成氨基酸盐。这些氨基酸盐不溶于蛋白，于是就以一定的几何形状结晶出来，松花蛋上那漂亮的松花，正是这些氨基酸盐的结晶体。

腌制松花蛋的原料里含有黄丹粉（氧化铅），氧化铅含有重金属铅，可使蛋白质变性，同样可使鸭蛋产生美丽花纹，这样腌制出的松花蛋口感好，但会受到铅的污染。

松花蛋的蛋黄是青黑色的，这是由于蛋黄中含有硫，时间久了，会产生硫化氢气体，蛋黄本身含有许多矿物质，如铁、铜、锌、锰等。硫化氢气体与蛋清和蛋黄中的矿物质作用生成各种硫化物，于是蛋清和蛋黄的颜色发生了变化，蛋清呈特殊的茶褐色，蛋黄则呈墨绿色。

基本小知识

锰

锰是一种化学元素，化学符号是 Mn，原子序数是 25，是一种过渡金属。冶金工业中用锰制造特种钢，在钢铁生产中则用锰铁合金作为去硫剂和去氧剂。也可以用锰制作合金、电池等。二氧化锰可用作催化剂和棕色颜料，高锰酸钾可用作氧化剂及消毒剂。锰是生物体所必需的微量元素之一，可构成生物体中具重要生理功能的酶或辅酶，生物体所需的锰很少，无须额外摄入。

蛋黄中的铁、铜、锌、锰与硫化氢产生的硫化物大都极难溶于水，所以它们并不被人体吸收。

食盐可使松花蛋收缩离壳、增加口味。茶叶中的鞣酸和芳香油，能给凝固的蛋白质上色，增加松花蛋的风味。

 延伸阅读

蛋的外面有一层蛋壳，可以起到保护蛋内部物质的作用，与肉类相比，蛋比较不容易腐败变质，保存的时间要稍长一些。但是蛋壳也很容易被污染，它被沾染上细菌后，细菌通过蛋壳浸入蛋内，也会使鸡蛋变质。特别是在较高的温度下，蛋清的杀菌能力会减弱，容易腐坏。蛋开始变质时，蛋黄的位置就不再固定而会发生移动；变质比较严重时，蛋黄发生散乱，变成散黄蛋；完全变质时，蛋清和蛋黄混合在一起，就不能再食用了。因为蛋壳不是透明的，所以常常需要我们打开来看才知道蛋是否变质。那有没有什么办法可以让我们隔着蛋壳就能知道蛋的好坏呢？

鲜鸡蛋

完整的蛋黄

蛋的变质情况，可以简单地用灯照的办法来检查。新鲜蛋光照透视时的特征如下：气室极小，略微发暗，不移动；蛋清浓厚澄清，完全透明，无杂质；蛋黄居中，蛋黄膜包裹得紧，呈现朦胧暗影；转动蛋时，蛋黄亦随之转动；胚胎不易看出。

蛋腐败时，蛋白质会分解产生硫化氢、氨等气体，发出很大的臭味，即通常所谓的臭鸡蛋味；在蛋壳上也可以看到霉菌生长的黑斑，因此可用肉眼观察来判断蛋是否变质。

冷冻食品也会变质

 你知道吗

超市中的冷冻食品因其方便、便宜赢得了许许多多消费者的青睐。可是，有的冷冻食品明明在保质期内，煮熟后却发现变了味。人们不禁要问："为何保质期内的冷冻食品也会变质呢?"

冷冻食品

化学原理

冷冻食品应在 -18 ℃以下的冷库中冷藏，否则很容易变质。由于超市内的冷冻食品大多是开柜式经营，若当日卖不完的食品，不入冷库或存入封闭性能较好的冷柜中冷藏，或食品堆放超过了最大装载线，柜中的冷冻食品就难以达到所需的低温，故易变质。变质的食品不仅外观发生变化，失

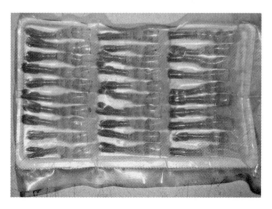

冷冻虾

去食品原有的色、香、味，营养价值下降，还会滋生细菌、毒素，危害人体健康。

食品变质的主要原因是微生物作祟。空气中无处不存在微生物，食品在生产、加工、运输、储存、销售过程中，极易被微生物污染。只要温度适宜，微生物就会生长、繁殖，分解食品中的营养素，以满足微生物自身的需要。此时，食品中的蛋白质被分解成相对分子质量极小的物质，最终分解成肽类、有机酸，食品就会发出氨臭味及酸味，失去原有的韧性及弹性，而且颜色异常。

食品变质的第二个原因是酶的作用。肉类物品中存在多种酶，在酶的作用下，肉类物品的营养素被分解成多种低级产物。

食品变质的第三个原因是食品的化学反应。油脂的分子式中有不饱和键，这种键很不稳定，很容易被氧化，产生一系列的化学反应，氧化后的油脂有怪味，如肥肉由白变黄。

知识小链接

酶

　　酶是由生物体内活细胞产生的一种生物催化剂，大多数酶由蛋白质组成（少数为核糖核酸），能在机体中十分温和的条件下，高效率地催化各种生物化学反应，促进生物体的新陈代谢。细胞新陈代谢包括的所有化学反应几乎都是在酶的催化下进行的。生命活动中的消化、吸收、呼吸、运动和生殖都是酶促反应过程。酶是细胞赖以生存的基础。

延伸阅读

选购冷冻食品时，除了看生产日期和保质期外，还应学会一些其他的简单的辨别法。

先看外包装。包装袋上结晶霜洁白发亮，食品冷冻得很坚硬的，应该是保存良好的。注意包装袋是否破损，包装袋破损的冷冻食品易被细菌污染。

包装袋内食品无霉点，内装物无干燥的现象。若冷冻食品部分发白，多是由于冷藏温度变化太大、水分散失变干燥而导致的，严重的甚至会变焦黄。

包装的标识要明确、完整。确认包装上是否有明确的生产日期、保质期、厂家等，越接近保质期的食品越容易出问题。

什么时候不宜饮茶

你知道吗

临睡前、服药后、饭前饭后、酒后不宜饮茶。你知道为什么吗？

茶和茶具

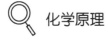

化学原理

茶叶里含有一种叫鞣酸的物质，鞣酸可以与药物中的蛋白质、生物碱、重金属盐等物质起化学反应而产生沉淀，这不但影响药物的疗效，还会产生一些副作用。茶叶里还含有咖啡因、茶碱等成分，这些成分具有兴奋神经中枢的作用，故在服用安神、镇静、催眠等药物时，不宜饮茶。

　　服用抑制神经的药物时，因两者作用针锋相对，因此不宜喝茶，更不宜用茶水送服这些药物。

 延伸阅读

饮隔夜茶之利弊

　　因浸泡时间过久，茶叶中的维生素大多已丧失，且茶水中的蛋白质、糖类等会成为细菌、霉菌繁殖的养料，故不宜饮用。但未变质的隔夜茶在医疗上却有妙用。未变质的隔夜茶中含有丰富的酸素，可阻止毛细血管出血，对口腔炎症、舌痛、湿疹、牙龈出血、疮口脓疡等有一定的疗效。清晨刷牙前后或饭后，含漱几口未变质的隔夜茶，可使口气清新，并有固齿的作用。

为什么鱼肉比畜肉容易坏

 你知道吗

一起买回来的鱼和畜肉，都及时地放入了冰箱，但是为什么鱼比畜肉坏得快呢？

 化学原理

鱼的鳃和内脏中藏菌很多而且极易腐烂。鱼一旦死亡，这些部位的细菌立刻迅速繁殖，并穿透鳃和脊柱边上的大血管，沿血管很快延伸到肌肉组织。刚被杀死的鱼和刚自然死亡的鱼都不是无菌的，这些细菌主要来源

鲜 鱼

于鳃，可见细菌繁殖非常之快。反之，畜肉（猪、牛、羊）一般都是宰杀放血，并立即开膛去脏，减少了细菌污染的途径。经检查也证明，健康的畜肉是无菌的。

鱼肉被疏松的少量结缔组织分隔为很多小肌群，细菌很容易沿着疏松的组织间隙侵入肌肉。反之，畜肉是被致密坚硬的结缔组织（即筋）包围成一束一束的，细菌比较不容易侵入肌肉。如果鱼在捕获时就已受伤，则细菌更易从伤口进入肌肉，而畜类的这种现象就比较少。

基本小知识

结缔组织

结缔组织是由大量细胞间质和散在其间的细胞构成的，细胞间质由细胞产生，包括纤维和基质，具有重要的功能意义。广义的结缔组织包括血液、淋巴液、固有结缔组织、软骨与骨；狭义的结缔组织仅指固有结缔组织，如构成皮肤的真皮及皮下组织、肌腱、韧带、脂肪组织等。结缔组织具有连接、支持、保护和修复等功能。

鱼肉含糖量极低，而畜肉含糖量则相对更多。动物死后，肌肉里的糖即转化为乳酸，使肌肉酸度增高并僵直变硬。肌肉酸度增高和僵硬都起着抑制细菌繁殖的作用。鱼肉因为含糖量少，所以产生的乳酸也少，肌肉酸度和僵直维持的时间都不及畜肉。鱼肉僵直时期很快消失并进入自溶阶段（蛋白质分解阶段），这为细菌的滋长创造了条件。

水中的微生物多属冷微生物（尤其是海中的微生物），所以鱼离水死后，即使放在低温下，鱼体内的微生物仍在繁殖。

 延伸阅读

为了减慢鱼肉的腐烂过程，买到鱼后应尽快去鳞、鳃、内脏，然后用清水洗净血液和黏液，再用一根小棍撑开鱼肚，将其挂在阴凉通风处或放冰箱里，及时加工或烹饪。

怎样保存油脂

 你知道吗

食用油脂应该妥善保存，否则容易变质。如果贮存条件不合适，而且贮存时间较长，食用油脂就会被空气中的氧气氧化以及受微生物的作用而变质。那么你知道如何保存油脂吗？

食用油

 化学原理

食用油脂的变质称为"酸败"，已经酸败的油脂有一股难闻的气味，酸败严重的油脂不适合食用。少量水分可以促进油脂中酶的活动，从而加快油脂的酸败。温度升高、阳光照射和空气的氧化作用都是酸败的起因，铜制和铁制器皿也会加快油脂的酸败，所以在贮存油脂时，应该保持贮存器皿干燥，油脂中不能混入水，包装应该密封，避免阳光直晒和接触空气，同时也不能用铁制和铜制的器皿装油脂。

 延伸阅读

食用油脂大致可分为植物性油脂和动物性油脂两种。植物性油脂大多是从植物的籽仁（如花生、大豆、芝麻、菜籽、棉籽）中提炼出来的，而动物性油脂则可以从猪、牛、羊等动物身上取得。

油脂对人体的营养价值不但取决于吃的多少，而且还取决于吃后能吸收多少。一般来说，熔点越低（即越容易熔化的）的油脂，被人体吸收的效率越高。植物性的油脂如花生油、豆油、麻油（香油）和菜油都是熔点低的不饱和脂肪酸（油酸、亚麻油酸），在室温下都是液体，它们所含的脂肪酸都是人体必需的脂肪酸，营养价值高，被吸收的效率也高。动物性的油脂都是熔点高的高级脂肪酸，在室温下都是固体，其中只有猪油被人体吸收的效率比较高，其他如牛油、羊油的吸收效率都低于猪油。动物性油脂中所含的胆固醇都比较高，患有高血压和心脏病的人不宜多吃。

金黄色的香蕉

你知道吗

香蕉是南方的特产，它生性娇气，碰不得，弄不好就会成批腐烂，而且刚摘下来的生香蕉又不会自动成熟，这可怎么办呢？

化学原理

香蕉有成熟后易腐烂的缺点，所以为了将香蕉从产地运到四面八方，果农不会等香蕉熟透了再采摘，而是在香蕉未熟透的情况下采摘的。这时的香蕉皮

香蕉树

是青绿色的，体内的大量淀粉还未变成葡萄糖与果糖，所以它的"身板"很硬朗，碰碰撞撞也不用担心。这种香蕉便于长途运输。

知识小链接

果　糖

果糖中含有 6 个碳原子，是一种单糖，与葡萄糖是同分异构体。它以游离状态大量存在于水果和蜂蜜中，还能与葡萄糖结合生成蔗糖。果糖的熔点为 103～105℃，不易结晶，通常为黏稠性液体，易溶于水、乙醇和乙醚。果糖是最甜的单糖。

运到目的地的香蕉仍是青皮硬肉，既涩又不甜，当然不能直接放到市场上去卖。香蕉已从树上摘下，已经失去了使自己成熟的能

力。于是，人们找到了一种办法：把气体乙烯通入装香蕉的仓库内，乙烯会使香蕉中的氧化还原酶活性增强，使水溶性的鞣酸凝固起来，同时，使果皮中的叶绿素销声匿迹，青绿色的香蕉就变得黄澄澄的了，果肉也变得柔软了，还散发出一种芳香气味。

广角镜

乙　烯

乙烯是由两个碳原子和四个氢原子组成的化合物，无色，微甜，可燃，难溶于水，与空气形成爆炸性混合物。乙烯是合成纤维、橡胶、塑料、乙醇的基本化工原料，也可用作植物激素，有催果实成熟、促进器官脱落等作用，乙烯产量也是石油化工发展水平的一项指标。

乙烯不仅能催熟水果，还能让橡胶多产橡胶乳、烟叶提早成熟呢。

延伸阅读

新鲜的水果中含有丰富的维生素，还有比较多的磷和铁。多吃水果，对于身体健康是大有好处的。水果都有甜味，这是因为水果中含有较多的糖分。水果中的糖有果糖、蔗糖和葡萄糖，其中果糖最甜。水果中还含有各种有机酸，如柠檬酸、酒石酸和苹果酸。它们产生的酸味冲淡了甜味，使水果变得酸甜，别具风味。有机酸还能帮助我们消化食物，是水果中的有益成分。

未成熟的水果又酸又涩，缺少甜味，这是因为水果的细胞内贮存的养分是淀粉而不是糖。水果在成熟的过程中，由于酶的作用，使淀粉发生水解反应而变成糖，才使水果有了甜味。另外，水果中还含有醇（一种有机化合物，酒精又叫乙醇）和脂肪酸，它们在水果成熟期间发生化学变化而产生酯，酯是具有香味的有机化合物。所以成熟的水果既有甜味，又有香味，真可谓又香又甜。如果买来的水果还不够香甜，可能就是因为它们还不够成熟，可以把它们放一段时间再吃。

盐只能用来煮食吗

❓ 你知道吗

盐是一种非常普遍的调味剂，在清淡的食物中加一点盐，可使食物更加美味。

食盐的主要成分是氯化钠，不过，你真的知道什么是盐吗？它只可以用来煮食吗？

食 盐

🔍 化学原理

其实，盐是由酸和碱发生化学反应的化合物的统称，这种化学反应称为中和反应，氯化钠便是其中一种化合物。酸中的氢被金属离子或其他阳离子取代便成了盐，例如，氢氯酸与氢氧化钠发生化学反应后便会生成氯化钠和水。

基本小知识

化合物

化合物是由两种或两种以上的元素组成的物质，如水、甲烷等。化合物具有一定的特性，既不同于它所含的元素或离子，亦不同于其他化合物。化合物主要分为有机化合物和无机化合物两大类，已知的化合物中绝大多数是有机物。

用不同的酸和碱便可制造出不同的盐，它们的作用也不尽相同。如果把氢氯酸加进氢氧化钾中，便会生成氯化钾溶液；如果把硫酸加进氢氧化钡中，便会生成固体硫酸钡。以上两种生成物皆有其医学用途。氯化钾可以用来调节肌肉和主要器官的运作。硫酸钡可用来显示胃肠：在进行 X 射线检查前，病人需先喝一杯硫酸钡，这样 X 射线就不能穿透它，胃肠就能显影出来。

趣味点击

X 射线

X 射线是一种波长介于紫外线和 γ 射线之间的短波电磁辐射，其波长在 0.006~2 纳米之间，由德国物理学家伦琴于 1895 年发现，故又被称为伦琴射线。X 射线具有很高的穿透本领，能透过纸张甚至金属薄片，如墨纸、木料等。直接照射人体过量时，会造成伤害，工作时须用能强烈吸收 X 射线的铅板或铅玻璃等保护人体。

延伸阅读

食盐的主要成分是氯化钠，氯化钠的分子式为 NaCl。提起食盐，人们都知道它可以调味，夏天常喝些盐开水还可以补充体内随汗水流失的盐分，防止中暑。此外，食盐在日常生活中还有以下用途。

（1）清早起来喝一杯淡盐温水，可以缓解大便不通的症状。

（2）讲演、作报告、唱歌前喝点淡盐水，可以避免喉干嗓哑。

（3）洗衣服时加点盐，能有效地防止衣服褪色。

经常吃醋好不好

你知道吗

食醋有益，但食醋过量对人体健康是极为不利的。你知道这是为什么吗？

化学原理

中医认为，醋有散瘀、敛气、消肿、解毒、下气、消食的作用，适量吃点醋有益健康，但若把醋当保健饮料来喝则绝对不行。因为大量喝醋不但会引起胃脘嘈杂、泛酸，还会影响筋骨的正常功能，即中医所说的"醋伤筋"。

醋的主要成分是乙酸、不挥发酸、氨基酸、糖等。因此，醋有消毒灭菌、降低辣味、保护原料中维生素 C 少受损失等作用；还可助消化，改善胃中的酸环境，抑制有害细菌的繁殖。因此，适当吃点醋对人体健康是有好处的，但机体健康的首要条件是保持器官的正常运作。

当大量喝醋时，大量的醋进入人体，将改变胃液的 pH 值，对胃黏膜造成损伤。身体健康者大量食醋可引起胃痛、恶心、呕吐，甚至引发急性胃炎；而胃炎患者大量食醋会使胃病症状加重，有胃溃疡的患者可诱使溃疡发作。同

醋

时，由于乙酸被大量吸收，还将影响人体的整体酸碱平衡。正常情况下，人体血液、体液的酸碱度多应保持在 pH7.35 ~ 7.45 之间，呈弱碱性。酸性与碱性食物的摄入都将影响血液、体液的酸碱度。从生理学角度看，酸性食物摄入过多，将会引起血液、体液的酸度增高，发生酸中毒。人体内呈酸性，短时间内会感觉不适、疲乏、精神萎靡等，如长期处于多酸状

态，将会引起体内电解质紊乱，易诱发神经衰弱、动脉硬化、高血压和冠心病等。

基本小知识

电解质

电解质是在水溶液（或非水溶液）中或在熔融状态下能够导电（电解离成阳离子与阴离子）并产生化学变化的化合物，如酸类、碱类及盐类等。另外，还存在固体电解质（导电性来源于晶格中离子的迁移）。由于能离解成电子，故能导电。按电离度，分强电解质与弱电解质两类。

而鸡、鸭、鱼、肉、蛋、糖、酒等食物在体内也会代谢分解成酸性氧化物，如与醋同时大量进食将更容易使机体环境的酸碱度发生改变，使血液和体液呈酸性，从而危害人体健康。因此，我们在

食醋的同时应注意添加些碱性食物，使酸碱摄入量达到平衡。大部分碱性食物中都富含钙、锌、镁、钠等金属离子，大部分水果和蔬菜、大豆等都属于此类，尤其以橙、芦柑、苹果、香蕉、香菇、木耳、茄子、西红柿等为最佳。这类食物在人体内氧化分解后会产生带阳离子的碱性氧化物，能中和酸性物质，维持人体血液和体液的正常酸碱平衡。

 延伸阅读

外用醋一般以米醋为好，不宜用白醋，因为白醋是用醋精配制的。吃醋虽然好处多多，但也不可过量。成年人每天食醋量应在 20~40 克之间，最多不宜超过 100 克。醋对钙的代谢作用也不可轻视，为了防止成年人的骨质疏松症，患有下列疾病的人不宜吃醋：胃溃疡、胆囊炎、肾炎、低血压、胆石症、骨损伤及慢性肾脏病等。长期喝醋容易引起牙齿的腐蚀和脱钙，所以喝醋时应用水稀释，尽量用吸管直接咽下，然后用水漱口。空腹时不要吃醋，以免胃酸过多而伤胃；胃酸过多的人，不宜吃醋。

为什么吃云吞面要加点醋

？ 你知道吗

吃云吞面时，很多人都有加醋来调味的习惯，这是为什么呢？

🔍 化学原理

云吞面俗称"碱水面"，在制造过程中加入了碱水。顾名思义，碱水是碱性的，因而带点苦涩的味道，而醋含有乙酸，是酸性的。

把酸和碱混合便会产生中和作用，从而把碱水内的苦涩味去除，用以调味。

📚 **延伸阅读**

醋的主要成分是乙酸，乙酸的分子式为 CH_3COOH。醋不仅是一种调味品，而且还有很多用途。

（1）在烹调蔬菜时，放点醋不但使蔬菜味道鲜美，而且有保护蔬菜中维生素 C 的作用（因维生素 C 在酸性环境中不易被破坏）。

醋

（2）在烹饪排骨、鸡、鱼时，加一点醋可以使骨中的钙质和磷质被大量溶解在汤中，提高人体对钙、磷的吸收率。

（3）患有低酸性胃病（胃酸分泌过少，如萎缩性胃炎）的人，如果经常用少量的醋作调味品，既可增进食欲，又可使疾病得到缓解。

（4）在鱼肉不新鲜的情况下，加醋烹饪不仅可以去除腥味，而且可以杀灭细菌。

（5）醋有很强的抑制细菌的能力，可以作为预防痢疾的良药。痢疾病菌一遇上醋就会一命呜呼，所以在夏季痢疾流行的季节，多吃点醋，可以起到杀灭肠胃内痢疾病菌的作用。

（6）醋还可以预防流行性感冒：将室内门窗关严，把醋倒在锅里慢火煮沸至干，便可以起到消灭病菌的作用。

（7）擦皮鞋时，滴上一滴醋，能使皮鞋持久光亮。

（8）铜、铝器用旧了，用醋涂擦后清洗，就能恢复光泽。

（9）杀鸡、杀鸭前 20 分钟，给鸡、鸭灌一些醋，就容易拔毛了。

（10）衣服上沾染了果汁，用醋一泡，更容易洗掉。

（11）用醋浸泡暖水瓶中的水垢，可以达到除垢的目的。

（12）毛巾易发生霉变而散发出异味，用少量的醋洗毛巾就可以消除异味。

不要把菠菜和豆腐放在一起做菜

 你知道吗

菠菜的维生素含量在蔬菜中是名列前茅的，它含有丰富的维生素C、胡萝卜素、蛋白质、铁、钙等。因此，常吃菠菜对健康很有好处，对贫血、高血压、软骨病和牙龈出血等病症也有很好的疗效。但菠菜不能和豆腐放在一起做菜，你知道为什么吗？

菠 菜

化学原理

菠菜中含有很多草酸，不宜和豆腐放在一起做菜。因为豆腐中的氯化镁和石膏与草酸相遇会发生化学反应，生成不溶于水的草酸镁和草酸钙，它们沉积在血管壁上，影响血液循环，这对儿童的正常发育影响特别大。菠菜中的草酸还影响人体对钙的吸收，但菠菜的这个缺点是可以补救的，只要先用热水将菠菜焯水，再将菠菜放入凉水中浸泡20分钟左右，这样一来，菠菜中的绝大多数草酸就浸出来了。

蔬菜按外观可分叶（白菜、菠菜）、茎（芹、笋）、根（萝卜、薯）、果（茄、瓜）四类，其中也包括各种海菜以及蕈类等。

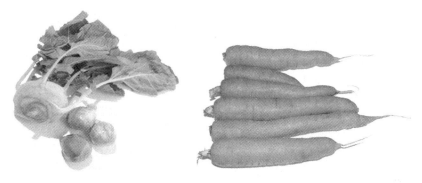

叶　菜　　　　　　　　　　　胡萝卜

蔬菜的价值在于其特殊成分及其特殊作用。蔬菜中的纤维素和果胶质能促进肠胃蠕动，预防便秘；蔬菜中酶含量较高，有助于消化，促进各种生理功能正常进行；蔬菜含有的多种维生素，特别是维生素 C，是人体不可或缺的营养元素等。

为什么苹果和马铃薯切开后会变色

 你知道吗

我们用刀切开苹果和马铃薯后，切割的表面会逐渐变成褐色，这是为什么呢？

🔍 化学原理

原来，每种细胞都含有成千上万种酶，这些酶参与了细胞自身生存所必需的全部反应。而导致苹果和马铃薯褐化的实际机理涉及一种叫作酪氨酸酶（又名多酚氧化酶）的酶。

基本小知识

褐　变

褐变是食品及原料加工中发生一系列化学反应形成褐色色素的过程。依据反应类型不同，褐变可分为非酶促褐变和酶促褐变。非酶促褐变是指食品加工中不需要酶参与的产生褐色色素的反应。已发现两类主要的非酶促褐变反应，即美拉德反应（如面包烘焙和肉制品干燥中产生的风味和色泽）和焦糖化反应。酶促褐变是指在有氧条件下，由多酚氧化酶催化多酚类物质氧化转变为醌类物质，醌类物质经自动聚合形成不溶性多聚物黑色素的过程。酶促褐变在苹果、香蕉、土豆、莴苣等果蔬和虾、蟹、龙虾等水产品中易发生，由酶促褐变引起的损失占果蔬总损失的一半左右。

只要我们切开水果，一些细胞就会被割破，然后细胞中的酶会接触到空气中的氧气并发挥作用让水果变成褐色。这和掉落的苹果表面出现的褐斑成因一样。

防止褐变最简便的方法是将切好的苹果或马铃薯放入水中，这样细胞中的酶就不会接触到氧气了。除此之外，还可以对苹果进行加热，从而让酶变性。

在人体中，酪氨酸

广角镜

酪氨酸酶

酪氨酸酶是黑色素合成的关键酶，可能是白癜风自身免疫的重要抗原。研究发现部分白癜风患者血清中有酪氨酸酶抗体，且与白癜风临床类型和分期密切相关，提示自身免疫性白癜风发病机制与酪氨酸酶抗体水平有关，为其免疫治疗提供依据。酪氨酸酶抗体可以作为白癜风活动性的一个指标。

酶也是非常重要的，因为它有助于黑色素的生成，而黑色素能使肤色变黑。人体中缺乏酪氨酸酶会引发白化病，所以由酪氨酸酶辅助引起的肤色褐变实际上是件好事。

📚 延伸阅读

在生活中，褐变为我们提供了许多有益的帮助。例如，在做红烧肉之前，可以先在热锅中放少许白糖，炒出糖色后放入五花肉，就能使肉块着色。同样的面团，蒸出来的鲜嫩洁白，而油炸出来的却是金黄色。有些果蔬被弄破后，也会因发生酶促褐变而影响人们对食品的感官，我们则需采取相应的措施来防护，比如将它们浸没在水中。但褐变有利的方面我们可以加以利用，比如红茶的制作。制茶工人特意把茶叶揉破，让茶叶中的茶多酚在酶的作用下发生酶促褐变而生成具有特殊风味的物质。

还有在高温下会发生自动氧化、氧化聚合而使黏度增大、颜色加深、产生异味的食物，在烹调时应避免高温加热，特别是持续高温加热。

下面是一些食品在贮藏和加工过程中所发生的变化。

食品在贮藏和加工过程中发生的化学反应类型及实例一览表

反应类型	实　　例
非酶促褐变	焙烤食品表皮变金黄色
酶促褐变	切开的水果迅速变褐色
氧化反应	脂肪产生异味、维生素被破坏
水解反应	有利于蛋白质、淀粉、脂肪的消化和吸收

人为什么会醉酒

 你知道吗

中国自古就有借酒壮胆之说。"葡萄美酒夜光杯，欲饮琵琶马上催。醉卧沙场君莫笑，古来征战几人回？"战争惨烈，而酒就是战士们最好的伙伴了。如今我们没有战争，但是借酒壮胆之事并不少见。很少有人喝酒不醉，你知道人为什么会醉酒吗？

化学原理

乙醇又称酒精，分子式为 C_2H_6O，结构简式为 CH_3CH_2OH，相对分子质量为 46.07，为无色透明液体，易挥发，有刺激性气味，易燃烧，能与水以任意比例混溶。

酒精以不同的比例存在于各种酒中，它在人体内可以很快发生作用，改变人的情绪和行为。这是因为酒精在人体内不需要经过消化作用，就可直接扩散进入血液中，并分布至全身。酒精被吸收的过程在口腔中就开始了，到了胃部，也有少量酒精可直接被胃壁吸收，到了小肠后，会被小肠很快地大量吸收。酒精进入血液后，随血液流到各个器官，主要分布在肝脏和大脑中。

酒精在体内的代谢过程，主要在肝脏中进行，少量酒精可在进入人体之后，马上随肺部呼吸或经汗腺排出体外，绝大部分酒精在肝脏中先与乙醇脱氢酶作用，生成乙醛，乙醛对人体有害，但它很快会在乙醛脱氢酶的作用下转化成乙酸。乙酸是酒精进入人体后产生的唯一有营养价值的物质，它可以提供人体需要的热量。酒精在人体内的代谢速率是有限度的，如果饮酒过量，酒精就会在体内器官特别是在肝脏和大脑中积蓄，积蓄至一定程度即出现酒精中毒症状。

如果在短时间内饮用大量的酒，会使人兴奋、减轻抑郁程度，这是因为酒精压抑了某些大脑中枢的活动，这些中枢在平时对极兴奋行为起抑制作用。这个阶段不会维持很久，接下来大部分人会变得安静、忧郁、恍惚，直到不省人事，严重时甚至会因心脏被麻醉或呼吸中枢失去功能而造成窒息死亡。

延伸阅读

喝酒伤身，我们在不得不喝的情况下，可以尝试用以下方法来减少酒对身体的伤害：

（1）尽可能饮热酒。酒加温后再饮用不但芳香可口，还可挥发掉醛类等有害物质，减少有害成分。

（2）空腹时不要饮酒。饮酒前进食，酒精受胃酸的干扰，吸收缓慢，不易醉。

（3）不要多种酒混合饮用。各种酒的成分、含量不同，互相混杂，会起变化。

（4）酒后不要洗澡。酒后体内的葡萄糖在洗澡时会被体力活动消耗掉，引起血糖含量减少，体温急剧下降。

（5）不用药酒作宴会用酒。药酒中的某些药物成分可能会与食物发生化学反应。

（6）喝酒前喝杯蜂蜜水。

（7）喝酒前喝杯牛奶。

（8）要根据自己的实际情况决定饮酒的量。

（9）酒后可喝些果汁或有助于排热的饮品，如绿豆汤等。

交警怎样对驾驶人员进行酒精测试

 你知道吗

今天是小俊爷爷的生日，就连在外地的叔叔也回来为爷爷祝寿。席间，大人都在向爷爷敬酒，只有叔叔滴酒不沾，爸爸便问道："弟，你为什么不和爸爸饮一杯呢？"叔叔回答道："我今晚要开车，不能喝酒。虽然平时喝一两杯啤酒是没有问题的，但酒还是少喝为妙啊！"

小俊天真地说："又没有交警在这里，他们怎么知道你喝酒了呢？"叔叔回答说："傻孩子，交警会在晚上随机对驾驶人员进行酒精测试啊，而且酒后驾驶也是十分危险的！"

你知道交警怎样对驾驶人员进行酒精测试吗？

 化学原理

在酒精测试中，接受测试的驾驶人员需要把呼出的气体吹进一种仪器中。如果驾驶人员呼出的气体中含酒精，仪器中橙红色的部分便会呈现出绿色。

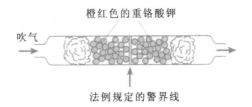

酒精测试

呼气测试利用了重铬酸钾容易被还原的特性。当呼出的气体中含有酒精时，酒精中的乙醇便会被重铬酸钾氧化为乙醛和乙酸，而橙红色的重铬酸钾便会变成绿色的铬离子：酒精＋重铬酸钾（橙红色）→铬离子（绿色）＋乙醛＋乙酸。

 趣味点击

铬

铬是一种化学元素，化学符号是 Cr，原子序数为 24，在 6 族元素中排行首位。它是一种银灰色的金属，有毒，质地坚硬，表面带光泽，具有很高的熔点。它无臭、无味，同时具有延展性。在自然界中主要以铬铁矿的形式存在，用于电镀和制造特种钢、颜料及催化剂等。铬是生命必需的微量元素。

呼出的气体中酒精含量越高，便有越多的重铬酸钾被还原为绿色的铬离子。当测试管里的重铬酸钾变成绿色，并且超过了法律规定的警戒线时，交警便知道驾驶人员呼出的气体中酒精含量超出标准，属于酒驾了。

由于酒精可以降低人的警觉性，所以酒后驾驶十分危险。再者，饮酒太多也会影响健康，所以还是少饮为妙。

 延伸阅读

酒的主要成分是乙醇，适量饮酒可以促进血液循环，但是过量了则是有害的。医用酒精和作为化学试剂的酒精中都含有甲醇，甲醇对人是有害的，会损害人的眼睛，所以切不可用酒精代替饮用的酒类。

烈性酒通过口腔、食道、胃、肠黏膜便可被吸收到体内各组织和脏器中，并在 5 分钟内出现在血液中，30~60 分钟，血液中的酒精浓度可达到最高点。酒精吸收率与酒精浓度的关系是酒精浓度越高，吸收得越快。空腹饮酒比饱腹饮酒的吸收率要快得多，这是因为胃内有食物时可以稀释、冲淡酒精度。

过量饮酒危害极大。李时珍曾说："少饮则和血行气，醒神御风，消愁迁兴；痛饮则伤神耗血，损胃无精，生痰动火。"现代科学研究证明，酒精对人体的适当用量是每千克体重 0.5 ~ 1.0 克为宜，过量饮酒就会出现慢性或急性酒精中毒，给人体带来极大的危害。

让人又爱又恨的食品防腐剂

 你知道吗

在人们还没有利用化学合成食品防腐剂之前，人们已经寻找到了大量使食品保质期延长的办法，如高盐腌制，高糖蜜制，酸、酒、烟熏以及在水中、地下存放等。

随着食品工业的发展，传统防腐方法已不能满足更多的防腐需要，人们对食品防腐提出了更高的要求：操作要更简单，保质期要更长，防腐成本要更低。基于此，化学产品用于食品防腐的做法应运而生。那么，什么是防腐剂？它对我们究竟是利大于弊，还是弊大于利？

 化学原理

食品防腐剂是能防止由微生物引起的腐败变质、延长食品保质期的食品添加剂。因兼有防止微生物繁殖而引起食物中毒的作用，故又称之为抗微生物剂。食盐、糖、醋、香辛料等虽也有防腐作用，但通常不将它们归为食品添加剂而算作调味料。

防腐剂在食品工业中被广泛使用。可以说，没有食品防腐剂就没有现代食品工业，食品防腐剂对现代食品工业的发展作出了很大贡献。

食品工业需要防腐剂的原因如下：

（1）生鲜食品放久了，其细胞组织离析，为微生物滋长创造了条件。

（2）食物被空气、光和热氧化，产生异味和过氧化物，有致癌风险。

（3）肉类被微生物污染，使其蛋白质分解，产生有害物腐胺、组胺、色胺等，它们是引起食物中毒的重要原因。

食物未进行保鲜处理就保存在冰箱中，仍会腐败变质，只是速度放慢了。

为防止微生物的侵袭，必须将食品进行防腐处理。

防腐剂按来源分，有化学防腐剂和天然防腐剂两大类。化学防腐剂又分为有机防腐剂与无机防腐剂，前者主要包括苯甲酸和山梨酸等，后者主要包括亚硫酸盐和亚硝酸盐等。

天然防腐剂通常是从动物、植物和微生物的代谢产物中提取的。如乳酸链球菌素是从乳酸链球菌的代谢产物中提取得到的一种多肽物质，多肽可在机体内降解为各种氨基酸。世界各国对这种防腐剂的规定也不相同，我国对乳酸链球菌素有使用范围和最大许可用量的规定。

 广角镜

山梨酸钾

山梨酸钾是山梨酸的钾盐，为无色或白色至浅黄色鳞片状结晶、结晶状粉末或颗粒，无臭或稍有臭味。在空气中不稳定，长时间放置时吸湿并氧化分解而着色。常温下密封保存时不会分解，易溶于水，基本无毒。主要用作食品防腐剂，也可用于化妆品防腐和饲料防霉等。但它属于酸性防腐剂，使用时需注意。因其有很强的抑制腐败菌和霉菌作用，又易溶于水和毒性极低而获得广泛应用。

与各类食品添加剂一样，防腐剂必须严格按照我国《食品安全国家标准——食品添加剂使用标准》的规定添加，不能超标使用。

防腐剂在实际应用中存在很多问题，例如达不到防腐效果、影响食品的风味和品质等。如茶多酚作为防腐剂使用时，浓度过高会有苦涩味，还会由于氧化而使食品变色。

为了避免上述问题，在使用防腐剂时应掌握以下几点：

（1）协同作用。几种防腐剂混合使用能达到更好的效果，但使用防腐剂必须符合国家标准，用量应按比例折算且不应超过最大使用量。

（2）可适当降低 pH 值，增加食品的酸度。在低 pH 值的食品中，细菌不易生长。

（3）与合理的加工、储藏方法并用。如热加工可减少微生物的数量，因此，可加热后再添加防腐剂。

 延伸阅读

至今还存在着一种对食物防腐、保鲜的错误看法，认为纯天然食物就不应添加任何防腐抗氧剂。

其实市场上所有加工过的食品，为了防止其腐败变质，均经过了防腐处理，只是方法不同罢了。

例如，罐头食品是经过高温杀菌、抽空密封保存的食品，当然不需要加任何防腐剂；用糖腌制的蜜饯和用盐腌制的盐干菜，由于有高浓度的糖和盐，使微生物细胞脱水，所以细菌不会在这类食物上繁殖；牛奶经乳酸菌发酵生成的酸奶，含有具有防腐作用的乳酸和乳酸菌素，所以不需添加防腐剂。

穿戴与化学

　　化学是一门与国计民生关系紧密的基础学科，涵盖了我们日常生活中的吃、穿、住、行、用。以我们每天的穿戴为例，我们出门所穿的衣服、鞋等，都是化学制品。一般来说，我们所穿戴的化学制品可以分为四大类：纤维纺织品、皮革制品、橡胶制品和塑料制品。

漂白粉是如何漂白的

？ 你知道吗

人造纤维与天然纤维本质上差不多，很容易像天然棉、麻、丝、毛那样染色，因此，人造丝、人造棉均有绚丽的颜色。

但是，人造纤维的染色情况却大不相同。只有锦纶的分子与蛋白质有点相似，染起色来与天然丝、毛差不

天然纤维

多。涤纶、丙纶、氯纶等染色却很困难，因为它们和染料不挂钩，媒染剂也黏附不上。所以工厂只能在喷丝前，将染料预先混进原料里，喷出带色的丝，这样才能使织物有颜色。反过来，要使色布变白，用漂白剂把染料分子破坏掉就行了。那么，漂白粉是如何达到漂白目的的呢？

化学原理

有人曾做过这样的实验：在玻璃钟罩下放一束红玫瑰，再往里面放一块燃着的硫黄。不一会儿，红玫瑰就褪色了。这是硫燃烧后生成的二氧化硫和红玫瑰里的水分作用生成了亚硫酸。亚硫酸具有还原性，破坏了红玫瑰的色素。白布、纸张和草帽都常用亚硫酸来漂白。但是，空气里的氧会慢慢使还原了的色素又氧化回来，所以用久了的白布、白纸和草帽常常泛黄。还原能够破坏色素，实现漂

白，氧化也能破坏色素，实现漂白。漂白粉的主要成分是次氯酸钙，溶解在水里释放出次氯酸。次氯酸有强烈的氧化本领，染料分子被它氧化，变成没有颜色的化合物，便实现了漂白的目的。

基本小知识

次氯酸钙

次氯酸钙常用于化工生产中的漂白，因其起效快速和漂白效果突出而在工业生产中占据重要地位。但由于它是强氧化剂，对人的危害极大，故切不可用于工业外其他项目，使用时也要注意自身防护，避免被腐蚀。另外，次氯酸钙大量挥发出来具有致癌性，保存时一定要注意。

延伸阅读

1774 年，瑞典化学家舍勒发现氯气的同时，也发现了氯水对纸张、蔬菜和花具有永久性的漂白作用。1785 年，法国化学家贝托莱提出把漂白作用应用于生产，并注意到草木灰水的氯气溶液比氯水更浓，漂白能力更强，而且无逸出氯气的有害作用。1789 年，英国化学家坦南特把氯气溶解在石灰乳中，制成了漂白粉。

漂白粉

现在漂白粉的制法还是把氯气通入消石灰中而制得，消石灰须含有 1% 以下的游离水分，因为极为干燥的消石灰是不跟氯气起反应的。生产漂白粉的反应过程比较复杂，主要反应可以表示如下：

$$3Ca(OH)_2 + 2Cl_2 = Ca(ClO)_2 + CaCl_2 \cdot Ca(OH)_2 \cdot H_2O + H_2O$$

漂白粉是混合物，它的有效成分是次氯酸钙 [Ca（ClO）$_2$]。商业漂白粉往往含有氢氧化钙 [Ca（OH）$_2$]、氯化钙 [CaCl$_2$]、亚氯酸钙 [Ca（ClO$_2$）$_2$] 和氯气（Cl$_2$）等杂质。

次氯酸钙很不稳定，但比次氯酸稳定，遇水就会发生下述反应：

$$Ca（ClO）_2 + 2H_2O = Ca（OH）_2 + 2HClO$$

当溶液中碱性增大时，漂白作用进行缓慢。要在短时间内获得漂白的效果，必须除去氢氧化钙。所以工业上使用漂白粉时要加入少量弱酸，如醋酸等，或加入少量的稀盐酸。家庭使用的漂白粉不必加酸，因为空气中的二氧化碳溶在水里也起到了弱酸的作用：

$$Ca（ClO）_2 + H_2O + CO_2 = CaCO_3\downarrow + 2HClO$$
$$Ca（ClO）_2 + 2H_2O + 2CO_2 = Ca（HCO_3）_2 + 2HClO$$

变色眼镜的秘密

? 你知道吗

许多司机在开车时常常戴着一副黑眼镜。在阳光下或者积雪天开车的时候，这副黑眼镜能保护眼睛不受强光的长时间刺激。可是，当车突然由明处驶向暗处的时候，戴着黑眼镜反而变成了累赘。一会儿戴，一会儿摘，实在太不方便了。有什么好办法来消除司机的这个苦恼呢？有，戴上变色眼镜就行。在阳光下，它是一副黑墨镜，浓黑的玻璃镜片挡住耀眼的光芒；在光线

变色眼镜

柔和的地方，它又变得和普通的眼镜一样，透明无色。你知道它是怎么变色的吗？

化学原理

变色眼镜的奥秘在玻璃镜片里，这种特殊的玻璃叫作"光致变色玻璃"。在制造这种玻璃的过程中，预先掺进了对光敏感的物质，如氯化银、溴化银（统称卤化银）等，还有少量的氧化铜催化剂。镜片从没有颜色变成浅灰色、茶褐色，再从黑色眼镜变回普通眼镜，都是卤化银变的魔术。在变色眼镜的玻璃里，有与感光胶片的曝光成像十分相似的变化过程。卤化银见光分解，变成许许多多黑色的银微粒，均匀地分布在玻璃里，玻璃镜片因此显得暗淡，阻挡光线通行，就变成了黑色眼镜。但是，与感光胶片上的情况不一样的是，卤化银分解后生成的银原子和卤素原子，依旧紧紧地挨在一起。当回到光线稍暗一点的地方，在氧化铜催化剂的促进下，银原子和卤素原子重新化合，生成卤化银，玻璃镜片又变得透明起来。

催化剂

知识小链接

在化学反应里能改变（加快或减慢）其他物质的化学反应速率，而本身的质量和化学性质在反应前后（在反应过程中会改变）都没有发生变化的物质叫作催化剂，又叫触媒。其物理性质可能会发生改变。例如，二氧化锰在催化氯酸钾生成氯化钾和氧气的反应前后，由块状变为粉末状。

卤化银在玻璃镜片里分解和化合的反应反复无穷地进行着，使变色眼镜可以一直使用下去。变色眼镜不仅能随着光线的强弱变暗变明，还能吸收对人眼有害的紫外线。如果把窗户玻璃都换上光致变色玻璃，晴天时，太阳光照射不到房间里来；阴天或者早晨、黄昏时，室外的光线不被遮挡，室内依然亮堂堂的，仿佛窗户挂上了自动遮阳窗帘。一些高级酒店和饭店已经安上了变色玻璃。汽车和游览车的窗户装上这种光致变色玻璃，在阳光直射下，连变色眼镜都不用戴，车厢里会一直保持柔和的光线，避免了日光耀眼和暴晒。

基本小知识

胶　片

　　胶片，又名菲林，是一种成像器材。现今广泛应用的底片是将卤化银涂抹在聚乙酸酯片基上，此种底片为软性，卷成整卷方便使用，所以又称胶卷。当有光线照射到卤化银上时，卤化银转变为黑色的银，经显影工艺后固定于片基，成为我们常见到的黑白负片。彩色负片则涂抹了三层卤化银以表现三原色。除了负片，还有正片及一次成像底片等。

延伸阅读

　　虽然变色眼镜诞生的时间并不长，但眼镜的历史却十分悠久，据说是古罗马人发明的。

　　当时古罗马的国王非常喜欢看体育比赛，但每次观看时，由于视力不好而非常苦恼。有一个工匠得知此事后，用绿宝石做了一只像钟表匠修钟表时用的单眼镜献给国王，国王戴上后，感到很满意，再也不用担心看不清精彩的体育比赛了。不过，这只是最原始的眼镜。有人认为，真正的眼镜发明者是一个名叫萨尔沃·德格里阿买提的佛罗伦萨人，他大约死于 14 世纪初。在 14 世纪上半叶，意大利许多地方就已经出现了眼镜制造厂，可见当时眼镜已被广泛使用。14 世纪初，当时的眼镜制造中心威尼斯还对眼镜的制造和销售做出了具体规定。那时的眼镜是用水晶石或玻璃作镜片，再将镜片镶嵌在金属、木质、角质或骨质框架中，两个镜框是由一个固定的卡钳式镜桥卡在鼻梁上，这种眼镜戴在鼻梁上常常摇摇晃晃，很不稳定。

17 世纪时，有人在眼镜框的边缘钻上小孔，用细绳从中穿过，然后将它套在脑后或系在耳朵上，这才使眼镜牢固地固定在鼻梁上。而后眼镜上又增加了一个向下的支架，从而更增加了它的稳固性。从此，眼镜的形式基本固定下来，成为人们日常生活中不可少的用品。

宝石的颜色

 你知道吗

一天，小丽跟妈妈逛街，途经一家珠宝店，她们便进去欣赏了一下那些发出耀眼光芒的宝石。

妈妈指着其中一件饰物对小丽说："那枚宝石戒指好漂亮啊！还是绿色的呢！"小丽看了看，便回答妈妈说："妈妈，上化学课时，老师曾展示了很多宝石给我们看呢！除了绿宝石外，还有翡翠、紫水晶、橄榄石、黄玉、绿松石、孔雀石！"在妈妈摸不着头脑之际，小丽继续说："宝石之所以有颜色，是因为透明的晶体内含有有颜色的离子！"

 化学原理

珠宝是珍珠与宝石的总称。珍珠是砂粒微生物进入贝蚌壳内，贝蚌受刺激分泌珍珠质将其层层包围而逐渐形成的具有光泽的美丽固体颗粒物，主要化学成分是碳酸钙及少量有机物，除作饰物外，珍珠还有药用价值。而宝石一般来说是指质地坚硬、色泽美丽、受大气及药品作用不起化学变化、产量稀少、极为宝贵的矿物。性优者如金刚石、刚玉、绿柱玉、贵石榴石、电气石、贵蛋白石等，质稍劣者如水晶、玉髓、玛瑙、碧玉、孔雀石、琥珀、石榴石、蛋白石等。宝石之所以有颜色，是因为透明的晶体内含有有颜色的离子。

宝石离子的颜色

宝石	含有的离子	离子的颜色
绿宝石	铬（Ⅲ）离子	绿色
翡翠	铬（Ⅲ）离子	绿色
紫水晶	锰（Ⅲ）离子	紫色
橄榄石	铁（Ⅱ）离子	浅绿色
黄玉	铁（Ⅲ）离子	黄色
绿松石	铜（Ⅱ）离子	蓝绿色

知识小链接

孔雀石

孔雀石是一种古老的玉石，由于颜色酷似孔雀羽毛上的绿色斑点而获得此名。孔雀石产于铜的硫化物矿床氧化带，常与其他含铜矿物（如蓝铜矿、辉铜矿、赤铜矿、自然铜等）共生。世界著名孔雀石产地有赞比亚、澳大利亚、纳米比亚、俄罗斯、刚果民主共和国、美国等地。中国的孔雀石主要产于广东阳春、湖北大冶和江西西北。

绿宝石

翡翠

紫水晶

橄榄石

黄　玉

绿松石

 延伸阅读

现对一些常见宝石的化学成分作简单介绍。

金刚石　化学成分碳，是碳元素的一种同素异形体，无色透明或带有蓝、黄褐、黑等色调，摩斯硬度为 10，密度 3.51 克/厘米^3，是矿物中最硬的。

刚玉　透明晶体，摩斯硬度为 9，仅次于金刚石，主要成分为氧化铝，颜色不一，常为带蓝或带黄的灰色，玻璃光泽。根据晶体的纯度和透明度，刚玉分为普通刚玉和贵刚玉两种。贵刚玉即刚玉类宝石，含铬刚玉具有艳丽的红色，称为红宝石；除红宝石外的刚玉宝石均称为蓝宝石。红宝石和蓝宝石可作装饰品，红宝石可人工合成，可作激光材料及钟表等精密仪器的轴承。

绿柱石　透明至半透明晶体，摩斯硬度为 7.5~8，多为翠绿、淡绿，亦有无色或蓝、黄、白、粉红色，主要成分为 $Be_3Al_2[Si_6O_{18}]$。产于花岗伟晶岩和云岩中，是炼铍的最主要原材料。透明色美的绿柱石晶体则为宝石，被称为"祖母绿"。

黄玉　旧称黄晶，外形类似水晶，主要为浅黄色和无色，摩斯硬度为 8，主要化学成分为 $Al_2[SiO_4](F，OH)_2$。

石榴石　一种荚硅酸盐，成分不定。根据化学成分的不同，可以分为镁铝榴石、铁铝榴石、锰铝榴石、钙铝榴石、钙铁榴石、钙铬榴石等种类，统称为石榴子石族矿物。颜色十分丰富，常见的有黑色、血红色、暗红色、褐红色、褐色、黄褐色、黄色、鲜绿色等，翠绿色、血红色和无色透明者最为珍贵。

水晶　六方柱状纯石英晶体，无色透明，折射率大，其中显烟陶色者叫烟水晶（俗名茶晶），显黑者为黑烟水晶（俗名墨晶）。含氮的有机物呈褐色或黄色者叫褐石英或黄水晶。含锰而色紫者叫紫水晶。

碧玉　由硅质物质沉积而成，主要化学成分为 SiO_2，并含 Fe_2O_3，因含有铁质，故常呈各种颜色。其浓绿者极似浓绿玉髓，质致密不透明。

琥珀　主要成分为碳氢化合物，非晶体，透明至半透明，有赤褐等色，摩斯硬度为 2~2.5，摩擦能生电。

孔雀石　主要化学成分为 $Cu_2[CO_3](OH)_2$，因含铜矿物受碳酸及水的作用而形成，光泽似金刚石，色翠绿，间有呈孔雀尾之色彩。

衣物是如何上色的

你知道吗

爱美之心人皆有之，尤其是女孩子，打开女孩子的衣柜，呈现在面前的是款式各异、五颜六色的衣物。那么，当你穿上漂亮衣服时，有没有想过衣服上那朝霞、彩虹一般的颜色是从哪里来的呢？

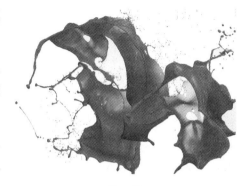

染 料

化学原理

棉花、蚕丝、羊毛本来是白色的或者浅黄色的，它们的织物全靠染料染上美丽的色彩。染料是各种各样有色的化学物质，绝大多数是有机化合物。

在没有发明合成染料以前，古人是用天然的染料给衣物染色的。我国在 3000 年前已经学会从蓝草、茜草和紫草里得到蓝色、绛红和赤紫的染料。古代腓尼基人从一种海螺里提取出了"骨螺紫"——一种名贵的紫色染料，因为这种染料来之不易，只供王公贵族享用，所以它又被叫作"帝王紫"。仙人掌上长有胭脂虫，从上万只这种小昆虫里能得到 50 克胭脂红染料。这些来自动物或植物的天然染料，实在难得。不过在合成染料出现后，它们很快就被淘汰了。

现在，只要花几块钱买一包染料，把染料溶解在热水里，再和几块白布一块儿煮，就可以染出心仪的颜色。染料本身有颜色，它溶解在热水里后，被纤维紧紧"抓住"不放，纤维便染上了颜色。丝、毛的纤维是蛋白质高分子，由几百个氨基酸"手拉手"地连接起来，氨基酸既有羧基，又有氨基。酸基显酸性，氨基显碱性，容易和碱性或者酸性染料分子结合成盐。因此，丝、毛织品染色不难。棉、麻纤维是中性的聚葡萄糖高分子，要染上色，就需要媒染剂将染料和纤维"撮合"在一起。

氨基酸

氨基酸是含有氨基和羧基的一类有机化合物的通称，是生物功能大分子蛋白质的基本组成单位，是构成动物营养所需蛋白质的基本物质，是含有一个碱性氨基和一个酸性羧基的有机化合物。氨基连在 α 碳上的为 α - 氨基酸。天然氨基酸均为 α - 氨基酸。

 延伸阅读

你自己染过红指甲吗？摘几朵红色的凤仙花，取一点明矾和凤仙花花瓣糅合在一起，敷在指甲上，用布裹上。第二天，指甲就被染红了，用水洗都洗不掉。明矾使凤仙花的红色染料牢牢地吸在指甲的蛋白质高分子上。

明矾就是这样一位促进纤维和染料结合的"媒人"。染棉布时，先用加有明矾的水将棉布浸湿，然

明 矾

后在热蒸汽房里通过植物热转印的方式进行染色。明矾的化学成分是硫酸铝钾，它遇热迅速水解成黏黏糊糊的氢氧化铝胶体，紧紧地

粘在棉纤维的表面上。当棉布浸到染缸里时，染料便很容易吸在氢氧化铝胶体上，布就染上颜色了。除了直接染料、媒染料外，还有一种活性染料。它是染料中发明得较晚的一种，用它染出的颜色特别牢固，不怕水洗，长久不褪色。这是因为，它的分子上有活泼的反应基团，好像一把强劲有力的"化学钳"，遇上纤维的某些基团就狠狠夹住不放，与纤维紧密结合成一个整体，洗不掉，拆不散，是比较理想的染料。

衣物为何会褪色

 你知道吗

我们在日常生活中经常遇到这样的情况：刚买回来时的衣服颜色是自己最喜欢的，可是随着时间的推移，衣服慢慢地就掉颜色了，非常难看。你知道衣物为什么会褪色吗？

 化学原理

在洗涤过程中，衣物上的染料溶解在洗涤液中可能会有很大的褪色反应。如果有更多的染料溶解，经多次水洗和长期日晒后，衣物上的染料会光分解、老化以及部分脱落，从而使衣物出现褪色现象。这种现象是逐步发生的，其过程也是比较复杂的。

当阳光照射在染色衣物上时，光能激发了染料分子活动。活动的染料分子能与化学活性物质反应，首先会与空气中的氧反应，若有水分存在则会加剧化学反应的激烈程度。用染料染色的棉纤维织物经日晒后褪色，这是氧化作用的结果；而用同种染料染色的蛋白纤维织物经日晒后褪色，却是还原作用的结果。多数衣物褪色都是由于衣物在太阳光下暴晒所造成的。褪色易发生在被太阳晒的部位，如肩部、领口和袖子。许多蓝、绿、淡紫色的染料对光很敏感，尤其是用这些染料染的丝绸和毛料。

深色衣物更容易褪色

此外，染色衣物的褪色还与染料分子的结构有关。有的染料分子稳定性较差，反应能力较强的氢原子能促进其氧化过程。如染料分子结构中若含有氨基或羟基等助色基团较多时，容易发生氧化而降低耐晒牢度。而染料分子中若含有能形成氢键的基团或者有羧基、磺基、硝基等基团时，将会提高染料的耐晒能力。

染　料

知识小链接

　　染料是指能将纤维及其他材料染成各种颜色的有机物质。分天然染料和合成染料两类。天然染料大多属植物类，如茜素、靛蓝等；合成染料主要由有机化学品经化学加工而成，大多色泽鲜艳，应用性能优良。染料的颜色是染料对入射的可见光发生选择吸收的结果。若入射的可见光全部被物体吸收，此物体呈黑色；若入射的可见光全部被反射，呈白色；若入射的可见光只部分被吸收，物体所显示的颜色是反射光的颜色。染料广泛用于纺织、塑料、皮革、毛皮、造纸、食品等工业，也用于药品、化妆品及感光材料等的制造。

家居用品也会影响衣物颜色。比如牙膏、洗发液、香水、除臭剂都含有酒精，有的化妆品中含有碱，这些都要远离织物。柠檬汁的酸度也能影响染色。漂白也会导致衣物褪色、织物损伤。

总之，衣物褪色的程度，取决于染料对织物纤维的亲和力强弱，以及染料的光谱特性、浓度、干湿度、化学结构等多方面因素。

 广角镜

光　谱

光谱是复色光经过色散系统（如棱镜、光栅）分光后，按波长（或频率）大小而依次排列的图案，全称为光学频谱。光谱中能引起人的视觉的电磁波被称作可见光。光谱没有包含人类大脑视觉所能区别的所有颜色，譬如褐色和粉红色。

 延伸阅读

巧防衣物褪色

（1）用直接染料染制的条格布或标准布，颜色的附着力一般比较差，洗涤时最好先在水里加少许食盐，将衣服在盐溶液里浸泡10～15分钟后再洗，可以防止或减少褪色。

（2）用硫化染料染制的蓝布，颜色的附着力一般比较强，但耐磨性比较差。因此，洗涤时最好先将衣物在洗涤剂里浸泡15分钟，用手轻轻搓洗，再用清水漂洗。不要在搓衣板上搓，免得布丝发白。

（3）用氧化染料染制的青布，颜色一般比较牢固，有光泽，但遇到煤气等还原气体容易泛绿。所以，不要把洗好的青布衣服挂在灶具附近。

（4）用士林染料染制的各种色布，颜色的牢固度虽然比较好，但一般附着在棉纱表面。所以，穿用这类色布制成的衣物时，要防止摩擦，避免棉纱的白色露出来，造成严重的褪色、泛白现象。

怎样洗掉衣物上的污渍

❓ 你知道吗

恐怕我们每个人都有过这样的经历：刚刚穿上一件干净衣服，结果一不小心，便沾上了墨迹、血渍、果汁、油污……如果不管是什么污渍，统统将脏衣服放进洗衣机里去洗，有时非但洗不干净，反而会使污迹扩大。那我们究竟该怎么处理呢？

血　渍

🔍 化学原理

洗去污渍要"对症下药"，污渍的化学成分不同，"脾气"也就千差万别。汗水浸透的衣物，不能用热水洗；弄上了碘酒的衣服，要先在热水里浸泡后再洗；沾上机油的纺织品，在用汽油擦拭的同时，还要用熨斗熨烫，趁热把油污"赶"出去。这些都是什么原理呢？

原来，汗水中含有少量蛋白质。鸡蛋清就是一种蛋白质，在热水里很容易凝固。汗水中的蛋白质也和鸡蛋清一样，在热水里会很快凝固，和纤维纠缠在一起。比如，本来可以用凉水漂洗干净的白衬衫，如果用热水洗，反而会泛起黄色，洗不干净。因此，洗被汗湿的衣服需要在冷水里浸泡。

碘酒、机油与蛋白质不同，它们没有遇热凝固的问题，反而是热可以帮助它们脱离纤维。如果是纯蓝墨水、红墨水以及水彩颜料染污了衣物，立刻先用洗涤剂洗，然后多用清水漂洗几次，往往可以洗干净。这是因为这些污渍都是用可在水里溶解的染料制成的。如果还留有残迹，说明染料和纤维结合在一起了，得用漂白粉才能将其除去。漂白粉的主要成分是次氯酸钙，它在水里分解出次氯酸，这是一种很强的氧化剂。次氯酸能氧化染料分子，使染料变成没有颜色的化合物，这就是漂白的原理。

碘 酒

碘酒又称碘酊，通常指由2% ~ 7%的碘单质与碘化钾或碘化钠溶于酒精和水的混合溶液构成的消毒液。由于碘单质本身在酒精中就有一定的溶解度，因此有时也将碘单质直接溶于酒精中制成碘酒。碘酒是一种常见的药品，它可以使菌体蛋白质变性，故能杀死细菌、真菌等，常用于伤口消毒。碘酒忌与汞溴红或硫柳汞合用。

蓝黑墨水、血迹、果汁、铁锈等的污渍在空气中易氧化，使污渍颜色越来越深，再用漂白粉来氧化就不行了。比如，蓝黑墨水是鞣酸亚铁和蓝色染料的水溶液，鞣酸亚铁是没有颜色的，因此，刚用蓝黑墨水写的字是蓝色的，接触空气后逐渐氧化，变成了在水里不溶解的鞣酸铁。鞣酸铁是黑色的，所以字迹就逐渐由蓝变黑，遇水不化，长久不褪色。要去掉这种墨水迹，就得先将它转变成无色的化合物。将草酸的无色结晶体溶解在温水里，用来搓洗墨水迹，黑色的鞣酸铁就和草酸结合成没有颜色的物质，溶解进水里。但要注意草酸对衣物有腐蚀性，应尽快漂洗干净。血液里有蛋白质和血色素，与洗被汗水浸透的衣物一样，洗血迹时要先用凉水浸泡，再用加酶洗衣粉洗涤。不过，陈旧的血迹会变成黑褐色，那是由于血液里的铁元素在空气中被氧化，生成了铁锈。果汁里也含有铁元素，沾染在衣物上和空气中的氧气一接触，也会生成褐色的铁锈斑。因此，血迹、果汁和铁锈造成的污渍都可以用草酸洗去。

基本小知识

草 酸

　　草酸，即乙二酸，是最简单的二元羧酸。它一般是无色透明结晶体，易溶于水或乙醇，有还原性，高剂量摄入时对人体有毒。草酸在工业中有重要作用，可以除锈。草酸遍布于自然界，常以草酸盐形式存在于植物如大黄、可可、菠菜的细胞膜上，几乎所有的植物都含有草酸钙。

　　墨汁是将极细的碳粒分散在水里，再加上动物胶制成的。衣物上沾了墨迹，碳的微粒附着在纤维的缝隙里，它不溶于水，也不溶于汽油等有机溶剂，又很稳定，一般的氧化剂和还原剂都对它无可奈何，不起任何化学变化。我们祖先的书画墨迹保存千百年，仍漆黑鲜艳，就是这个原因。要清除墨迹，只有采用机械的办法，用米饭粒揉搓，把墨迹从纤维上粘下来。如果墨迹太浓，沾上的时间太长，碳粒钻到纤维深处，那就很难除净了。如果污渍是油性的，不溶于水，比如圆珠笔芯、油漆、沥青，我们就要"以油攻油"。用软布或者棉纱蘸汽油擦拭污处，让油性的有色物质溶解在汽油里，再转移到擦布上去。如果汽油溶解不了这些顽固污渍，就换用溶解油脂能力更强的苯、氯仿或四氯化碳等化学品。

延伸阅读

　　下面向大家介绍几种常见污渍的简易去除方法。

1. 汗渍

方法一：将有汗渍的衣物放在含盐量为 10% 的食盐水中浸泡一会儿，然后用肥皂洗涤。

方法二：在适量的水中加入少量的碳酸铵和少量的食用碱，搅拌溶解后，将有汗渍的衣物放在里面浸泡一会儿，然后反复揉搓。

2. 油渍

在油渍上滴上汽油或者酒精，待汽油或酒精挥发完后油渍也会随之消失。

3. 蓝墨水污渍

方法一：在适量的水中加入少量的酸铵和少量的食用碱，搅拌溶解后，将有蓝墨水污渍的衣物放在里面浸泡一会儿，然后反复揉搓。

方法二：将衣物上有蓝墨水污渍的部位放在草酸含量为 2% 的草酸溶液中浸泡几分钟，然后用洗涤剂洗除。

4. 血渍

因血液里含有蛋白质，蛋白质遇热则不易溶解，因此，洗血渍不能用热水。

方法一：将衣物上有血渍的部位用双氧水或者漂白粉水浸泡一会儿，然后搓洗。

方法二：将萝卜切碎，撒上食盐搅拌均匀，10 分钟之后挤出萝卜汁，将衣物上有血渍的部位用萝卜汁浸泡一会儿，然后搓洗。

5. 果汁渍

新沾上的果汁渍用食盐水浸泡后，再用肥皂搓洗。如果沾上的时间较长，则可以将衣物放进含盐量为 10% 的食盐水中浸泡一会儿，然后用肥皂洗涤。

6. 铁锈渍

在热水中加入少许草酸，搅拌，使草酸全部溶解，将衣物上有铁锈渍的部位放在草酸溶液中浸泡 10 分钟，然后用肥皂搓洗。

7. 茶渍

将衣物上有茶渍的部位放在饱和食盐水中浸泡，然后用肥皂搓洗。

四季换衣话桑麻

 你知道吗

唐朝诗人孟浩然的诗《过故人庄》脍炙人口。

故人具鸡黍，邀我至田家。

绿树村边合，青山郭外斜。

开轩面场圃，把酒话桑麻。

待到重阳日，还来就菊花。

这首诗像一幅田园风景画，让我们领略到农村生活的宁静和悠闲，其中的"桑麻"更是与我们的穿戴息息相关。

化学原理

人类最早的衣服都是就地取材，比如将树叶、兽皮当作衣服穿在身上。后来有了工具，便开始纺纱织布，出现了麻布。后来又种桑养蚕，用蚕丝织造丝绸。我们今天常穿的棉布，出现的年代比麻布和绸缎晚得多。所以古人的诗文中常常说到桑麻，而很少提到棉花。

桑麻田

丝 绸

丝绸是由蚕茧抽丝后编制取得的天然蛋白质纤维，再经过织造而成的纺织品。当蚕结茧成蛹准备羽化成蛾时，将蚕茧放入沸水中煮，并及时抽丝。一个蚕茧可以抽出 800～1200 米的蚕丝。丝绸外表的光泽来自像三棱镜般的纤维结构，这能令丝绸以不同的角度折射入射光，并将光线散射出去。中国是丝绸的发祥地，从汉代开始，中国丝绸大量销往西方，成为中华文明的标志之一。

棉、麻、丝、毛这些天然的纤维物质都来自动植物的有机化合物，它们的主要成分都是纤维素，碳是它们的骨干材料。碳原子和其他元素的原子结合成一个个小单元，这些小单元又连接成串，好像铁环一个套一个连接成长

趣味点击

塑 料

塑料为合成的或天然的高分子化合物，主要成分是合成树脂，并常含有填料、增塑剂、稳定剂、润滑剂、色料等。一般具有质轻、绝缘、耐腐蚀、美观等特点，可用作建筑材料和日用品等。

长的铁链。链节的数目往往多达几百，而分子量高达几万，因此，它们被称为高分子化合物。我们生活中接触到的高分子化合物很多，如淀粉、蛋白质、橡胶、塑料等。纤维的导电、传热能力很差，加上纤维分子卷曲缠绕、左钩右连，形成许多缝隙洞穴，包藏流动困难的空气，使热量不容易穿过纤维层，这就是衣物能帮助我们保暖防晒的原因。

从化学的角度看，外貌相似的纤维在构造方面却有很大的差别。棉、麻燃烧起来像柴草，没有什么气味；毛放在火焰里会迅速地卷曲起来，"吱吱"作响，发出刺鼻的臭气。这就能把它们区别开来：棉、麻是植物纤维，与木材里的木质纤维素相似，它们的基

本链节是碳、氢、氧三种元素组成的葡萄糖，燃烧后生成二氧化碳和水蒸气，所以没有气味；丝、毛是动物纤维，与指甲、肌肉中的蛋白质差不多，是由氨基酸组成的，除了碳、氢、氧外，还含有硫和氮，那刺鼻的臭气就是硫燃烧以后生成的二氧化硫。

延伸阅读

棉麻织品容易被酸腐蚀，保养它们时很重要的一点就是不要让它们接触到酸性物质。这是为什么呢？因为酸会破坏植物纤维。木质纤维素和盐酸接触后，葡萄糖链节被酸"切"断，变成葡萄糖。锯末和刨花经过盐酸处理，可以生产出葡萄糖，有些葡萄糖就是用这种化学方法生产的。

广角镜

纤维素

纤维素是由葡萄糖组成的大分子多糖，它不溶于水及一般有机溶剂，是植物细胞壁的主要成分。纤维素是自然界中分布极为广泛的一种多糖。棉花的纤维素含量高达 95% 以上，为天然的最纯纤维素。树干、竹竿、草秆等纤维素含量也较高，是造纸、人造丝、人造棉等的主要原料。

棉、麻不太怕碱。弱碱和植物纤维作用，会生成一层丝光物质，大大增强纤维的着色能力，并且能使织物光滑、柔软又耐褶皱。丝光毛巾和丝光床单的生产过程中便有碱处理这一步。但是，强碱不行。苛性钠能损坏棉、麻织品。丝、毛对酸的耐受力比较强。在化工厂里，为接触腐蚀性酸溶液或蒸汽的工人做工作服，往往选用毛呢料子，这不是摆阔气，而是工作需要。毛呢挺括，弹性好，不容易起皱。这是由于组成毛纤维这条长链条的有些氨基酸链节有两个硫原子搭起的"桥"，这种"桥"像小弹簧一样，你按它一下，它会很快弹回来，恢复原状。熨烫衣物时，衣物纤维受热变形，毛纤维高分子上的"小弹簧"拉伸开来，听任人们的摆布：哪儿不平，哪儿起皱，都会被熨得服服帖帖。

用吹风机吹头发做造型，和熨烫衣服是一个道理。而化学烫卷发能使发型保持比较久，这是因为化学药剂"切"断了毛纤维上的"小弹簧"，使之卷曲成一定形状后又换用一种化学药剂，使这些"小弹簧"就近重新联结起来。

橡胶的黑与白

 你知道吗

在生活中，我们会遇到形形色色的橡胶制品：扎小辫儿的皮筋，去铅笔笔迹的橡皮擦，运动时用的篮球、足球，以及球鞋、雨靴、软管、轮胎……

它们最大的特点是富有弹性。人们对橡胶感兴趣，正是看中了它的弹性。最早的自行车装的是木轮，骑起来颠簸得厉害。自从发现橡胶以后，人们在木轮的外缘镶上橡胶，自行车行驶起来平稳多了。后来，充气的橡胶轮胎代替了实心的橡胶木轮，自行车才有了今天的模样。我们运动、爬山，要穿橡胶底鞋子。汽车翻山越野，飞机起飞降落，橡胶轮胎就是它们的鞋子。有趣的是，桥梁的底座上也衬有厚厚的橡胶支座，连同日常生活中使用的橡胶制品，都利用了橡胶的弹性。

但是，橡胶有的黑有的白，这是如何区分和规定的呢？

 化学原理

南美洲生长着一种橡胶树，割破树皮会一滴一滴流淌出白色的胶乳，当地人把这种胶乳叫作"树的眼泪"。他们将凝结后的胶乳做成圆球，一边唱着歌，一边围着圆圈跳舞，把球传来传去。球落地，还会高高地弹起。这是他们最快活的游戏了。当时，当地人玩的橡胶实心球是生胶制的。天然的生胶虽然有弹性，但它的大分子链条好像许多单根的弹簧，散乱

趣味点击

橡　胶

橡胶是提取橡胶树、橡胶草等植物中的胶乳，将胶乳加工后制成的具有弹性、绝缘性、不透水和空气的材料，是高弹性的高分子化合物，分为天然橡胶与合成橡胶两种。天然橡胶是从橡胶树、橡胶草等植物中提取胶质后加工制成的；合成橡胶则由各种单体经聚合反应而得。橡胶制品广泛应用于工业和生活的各方面。

地堆积在一起，弹性并不是特别大，而且这些"弹簧"容易被拆开、分离，所以生胶一拉就断，没有韧性，稍稍受热就发黏、变软。

美国发明家古德意决心把生胶改造成既富有弹性又坚韧结实的理想材料。古德意的家乡流传着这样一个故事：你想找到古德意吗？看，那就是！他头戴橡皮帽，身穿橡胶衬里的风衣，里面穿着橡皮背心，下身套着橡皮裤子，脚穿胶靴，手里拎个胶皮钱包——里面没有一文钱。古德意在生胶里掺进氧化镁，用石灰水煮，也试过用硝酸煮，还试过在生胶表面撒硫黄，放在太阳下晒等。各种试验都失败了，后来，他在坩埚里加进生胶块、硫黄粉和松节油，将坩埚放在火炉上煮。坩埚里蹦出一块胶，落入火焰中，尽管胶被烧焦了，却没有发黏。古德意高兴得跳起来，经过掺硫加热得到的橡胶，正是他朝夕盼望的材料。

从此，生胶被改造成了有用的材料。古德意的硫化工艺后来被化学家弄清楚了原理：硫原子在生胶的大分子链节之间建立起"桥梁"，好像制作沙发时一个个弹簧互相之间用麻绳、铁丝勾连成一

个整体，弹性好，又不松散。

科学之美——揭示化学在生活中的魅力

知识小链接

硫 黄

硫黄学名硫，是一种化学元素，化学符号是 S，原子序数是 16。硫是一种非常常见的无味的非金属，纯的硫是黄色的晶体，所以称作硫黄。在自然界中，硫经常以硫化物或硫酸盐的形式出现，在火山地区，纯的硫也经常出现。对所有的生物来说，硫都是一种重要的必不可少的元素，它是多种氨基酸的组成部分，因此也是大多数蛋白质的组成部分。硫主要被用在肥料中，也被广泛地用在火药、润滑剂、杀虫剂和抗真菌剂中。

橡胶里掺上炭黑，可以使橡胶变硬、耐磨。鞋底、橡胶轮胎中的黑颜色，就是炭黑造成的。白橡胶里不加炭黑，改加白色的碳酸钙、钛白粉等填料。

基本小知识

轮 胎

轮胎是在各种车辆或机械上装配的接地滚动的圆环形弹性橡胶制品。通常安装在金属轮辋上，能支承车身，缓冲外界冲击，实现与路面的接触并保证车辆的行驶性能。轮胎常在复杂和苛刻的条件下使用，它在行驶时承受着各种变形、负荷、力以及高低温作用，因此它必须具有较高的承载性能、牵引性能和缓冲性能。同时，还要求具备高耐磨性和耐屈挠性，以及低的滚动阻力与生热性。

延伸阅读

相比天然橡胶，合成橡胶是由分子量较低的单体经聚合反应生成的，其基本成分是丁二烯及异戊二烯分子。

合成橡胶

合成橡胶的性能和种类因单体不同而异。按使用特性，合成橡胶可分为通用橡胶和特种橡胶两类。通用橡胶可以部分或全部代替天然橡胶，如丁苯橡胶、顺丁橡胶、异戊橡胶、氯丁橡胶、乙丙橡胶、丁基橡胶、丁腈橡胶。特种橡胶有耐高温、耐油、耐臭氧等特殊性能，用于特种场合，如硅橡胶、氟橡胶和聚氨酯橡胶等。生产合成橡胶所需的单体，主要来自石油化工产品。

染发剂到底会不会致癌

？ 你知道吗

走在大街上，我们常常会看到五颜六色的头发：红色的、棕色的、金色的、栗色的、橘色的、绿色的……他们中的大多数人并不是来自异国他乡，而是借助了现代的染发手段，将自己原来的黑发变了色。对于追赶潮流的年轻人来说，染发是一件稀松平常的事情，他们可以随心所欲地改变头发的颜色，而且为了对付新长出的黑发，还得不时地去补染。

那么，彩色的头发给人们带来美丽、多变造型的同时，染发剂是否会给人体健康带来隐患呢？

 ## 化学原理

染发的原理就是将头发表层的毛鳞片打开，让颜色颗粒进去。头皮是人体毛囊最多、最密集的部位，染发剂中的有害物质通过头皮进入人体。即便没有直接接触头皮，染发剂的化学成分经过挥发形成的气体也会通过毛囊进入人体。

染发剂是否致癌尚无定论。有媒体报道说，染发剂的主要成分对苯二胺是有毒化学物质，是国际公认的有害物质。染发后，染发剂中的有毒物质通过皮肤毛囊进入血液到达骨髓，会引起皮肤癌、膀胱癌、白血病等。

根据国际癌症研究机构（IARC）2017 年更新的致癌物分类标准，对苯二胺被列入三类致癌物清单。值得关注的是，该分类的实际意义与公众普遍认知存在显

 广角镜

皮肤癌

皮肤癌是一种生长在皮肤上，可能由多种原因造成的癌。最常见皮肤癌有基底细胞癌、鳞状细胞癌和恶性黑色素瘤等。由于皮肤癌常常在表皮层中发展，肿瘤常常清晰可见，因此大部分时间，可以在早期发现皮肤癌。与包括肺癌、胰腺癌、胃癌在内的大多数癌症不同，因皮肤癌死亡的人数很少。与基底细胞癌、鳞状细胞癌比较，恶性黑色素瘤较为少见，但是更为严重。在年轻人群中，恶性黑色素瘤是最常见的癌症之一，多由长时间的太阳照射造成。

著差异。三类致癌物清单的科学定义明确指出：这类物质目前缺乏充分的人群流行病学证据，或仅具备不完整的动物实验数据支持其致癌性，甚至可能存在动物实验结果与人类研究结论相悖的情况。换言之，此类物质被科学界认定为暂未发现明确致癌风险的物质

类别。

值得注意的是，这个分类体系中还包含众多日常接触的物质，例如人们广泛饮用的茶饮和咖啡制品。这种归类方式印证了三类致癌物质的低风险特性。从毒理学角度分析，对苯二胺的实际风险程度需要结合暴露剂量和接触频率进行综合评估。我国化妆品安全技术规范对此有明确规定，在染发类产品中该成分的添加比例不得超过2%。在规范使用合格产品的前提下，消费者无需过度担忧其致癌风险。需要强调的是，任何化学物质的安全性评估都应当基于科学数据和法规标准，而非简单依据分类级别进行判断。

染发剂最常见的危害就是过敏反应，比如局部皮肤会出现红斑、水泡、瘙痒及诱发过敏性皮炎等症状。严重的过敏人群则会发生全身性的过敏现象，比如支气管痉挛等，甚至危及生命。

血液病患者、荨麻疹患者、哮喘病患者、过敏性疾病患者、使用抗生素的人、头面部外伤或伤口未痊愈者、准备生育的夫妻、孕妇和哺乳期妇女不宜染发。

基本小知识

荨麻疹

荨麻疹俗称风团、风疹团、风疙瘩、风疹块，是一种常见的皮肤病，由各种因素致使皮肤黏膜血管发生暂时性炎性充血与大量液体渗出，造成局部水肿性的损害。其迅速发生与消退，剧痒，可能伴有发烧、腹痛、腹泻或其他全身症状。荨麻疹可分为急性荨麻疹、慢性荨麻疹、血管神经性水肿与丘疹状荨麻疹等。得了荨麻疹要及时远离过敏源，并选择专业药物进行治疗。

多彩的发色固然美丽，但是鉴于染发剂会对人体健康造成潜在危害，所以我们在使用染发剂时一定要慎重，不要以牺牲健康为代价来获得美丽。

延伸阅读

一个人的头发有十几万根之多，拥有一头乌黑发亮的头发，不但能御寒防晒，而且使人看上去会更加潇洒，增加美感。但头发的寿命可不能跟人相比，头发的寿命只有 3 ~ 5 年。平时掉几根头发是十分正常的事，然而成片成片地脱发就不正常了，人们把这种症状叫作"秃头"，更有意思的叫法是"鬼剃头"。

有一年夏天，在一个小村庄里，一位马上就要出嫁的姑娘正对着镜子梳妆时，突然发现自己的头发成片成片地脱落，甚至露出了青灰色的头皮，美丽的长发姑娘顿时秃了头，这怎么能受得了，她不由得放声大哭起来。真是"福无双至，祸不单行"，这个村庄在此后的几个月内，竟然又有很多人得了类似的怪病。迷信的人就说，这是鬼给他们剃了头。

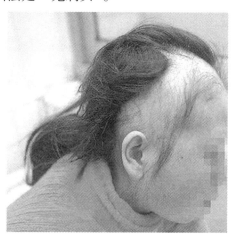

铊会使人脱发

世上是没有鬼的，他们的头发又是因为什么而脱落的呢？

科学家们仔细研究了村子周围的环境，终于发现了这个"鬼"。

原来，村民们饮用的水源中含有大量的铊离子，它的浓度大大超过了正常的标准。村民们喝水时，铊离子就进入人体中，从而使很多人掉了头发。

镜子背面是水银还是银

 你知道吗

爱美之人离不开镜子，他们常常穿着好看的衣服在镜子前"孤芳自赏"，获得无限的满足感。小孩子喜欢照哈哈镜，往哈哈镜前一站，镜子里的像就变成了滑稽的模样：胖身子、小脑袋、大头娃娃、长脸蛋、瘦高挑……

你知道镜子背面是水银还是银呢？

 化学原理

将亮闪闪的锡箔贴在玻璃面上，然后倒上水银，玻璃镜便诞生了。水银是液态金属，它能够溶解锡，使锡变成黏稠的银白色液体，然后紧紧地贴在玻璃上。玻璃镜比青铜镜前进了一大步，很受欢迎，一时竟成了王公贵族竞相购买的宝物。当时只有威尼斯的工厂会制作这

 趣味点击

威尼斯

威尼斯是意大利东北部城市、亚得里亚海威尼斯湾西北岸的重要港口。它主建于离岸一定距离的海边浅水滩上，平均水深 1.5 米，由铁路、公路、桥与陆地相连。威尼斯由 118 个小岛组成，并以 177 条水道、400 余座桥梁连成一体，以舟相通，有"水城""桥城"之称。

种新式的玻璃镜，欧洲各国都去购买，财富像海潮一般涌向威尼斯。后来，镜子工厂被集中到慕拉诺岛上，四周设岗加哨，被严密地封锁起来。后来，法国政府用重金收买了 4 名威尼斯镜子工匠，

帮他们秘密偷渡出国。从此，水银玻璃镜的奥秘才被公开出来，它的身价也一落千丈。不过，涂上水银的镜子反射光线的能力还不是很强，制作费时，水银又有毒，所以后来被淘汰了。

现代的镜子背面是薄薄的一层银。这层银不是涂上去的，也不靠电镀，而是靠化学上的"银镜反应"涂上

玻璃镜

去的。在硝酸银的氨水溶液里加进葡萄糖水，葡萄糖把看不见的银离子还原成银微粒，将银微粒沉积在玻璃上做成银镜，最后刷上一层漆。看到这里，你也许会说："原来镜子背面发亮的东西不是水银，是银。"这个结论又落后啦！近年来，已有不少镜子的背面是镀铝的。铝是银白色亮闪闪的金属，比贵重的银便宜得多。通过在真空中使铝蒸发，铝蒸气凝结在玻璃面上，成为一层薄薄的铝膜，铝镜便制作好了。这种铝镜价廉物美，很有商业前途。到这里，你也许会说："想不到一面小小的镜子，也在发展变化着！单是它背面的化学物质就变化了好几种呢。"

延伸阅读

汞是一种化学元素，俗称水银，化学符号是 Hg，原子序数是 80。它是一种密度很大、银白色的液态过渡金属。因为这种特性，水银多被用于制作温度计。

汞在常温下呈液态，色泽如银，故俗称"水银"。李时珍在《本草纲目》中记载："其状如水，似银，故名水银。"

中国人很早就知道汞了。在公元前 1500 年的古埃及墓中也找到了汞。公元前 500 年左右，汞和其他金属一起被用来生产汞齐。古希腊人将它用在墨水中，古罗马人将它加入化妆品中。炼金术士以为所有的物质都是由汞组成的，假如他们能将汞固体化，汞就会化为金。

水　银

18 ~ 19 世纪，人们用汞将做毡帽的动物皮上的毛去掉，这导致许多制帽工人脑损伤。

在西方，炼金术士用古罗马神祇墨丘利来命名它，它的化学符号 Hg 来自拉丁词 hydrargyrum，这是一个人造的拉丁词，其词根来自希腊文 hydrargyros，这个词的两个词根分别表示"水"（Hydro）和"银"（argyros）。

汞在中国也曾作药用，早在晋朝葛洪著的《肘后备急方》卷六中，就有"葛氏疗年少气充，面生疱疮"处方："胡粉、水银、腊月猪脂和熟研，令水银消散。向暝以粉面，晓拭去，勿水洗。至暝又涂之，三度即差。"

秦始皇陵中的汞有防盗、防腐等作用。

汞是地壳中相当稀少的一种元素，极少数的汞在自然界中以纯金属的状态存在。朱砂、氯硫汞矿、硫锑汞矿和其他一些与朱砂相连的矿物是汞最常见的矿藏。汞被用于制作水银灯、汞整流器、药物、汞齐、电极等，在中医学上用作治疗恶疮、疥癣药物的原料。同时，汞也是污染土壤和水体的主要重金属之一。

如何使银饰光亮如新

 你知道吗

时尚人士喜欢在脖子或者手腕上佩戴银饰。银饰不仅造型美观，而且质地偏软，价格也相比金、铂等贵金属要便宜许多。不过，银饰戴久了，就会因为氧化而渐渐变暗、变黑，失去了原来的光泽。你知道通过什么化学方法可以恢复银饰光亮如新的本来面目吗？

 化学原理

佩戴久了的银饰颜色会发暗，是因为银和空气中的硫化氢作用生成了黑色的硫化银。要想恢复银饰的本来面目，有一个好方法。

首先用洗衣粉洗去银饰表面的油污，然后把银饰和铝片放在一起，放入碳酸钠溶液中煮，直到银饰恢复银白色。最后，取出银饰，用水洗净后便可看到光亮如新的银饰表面。

其反应的化学方程式如下：

$$2Al + 3Ag_2S + 6H_2O = 6Ag + 2Al(OH)_3 + 3H_2S$$

 延伸阅读

有很多家庭都有用来装饰家居的铜器，它和银饰一样，在空气中久置会"生锈"。铜在潮湿的空气中会被氧化成黑色的氧化铜，铜器表面的氧化铜继续与空气中的二氧化碳作用，生成一层绿色的碱式碳酸铜。另外，铜也会与空气中的硫化氢发生作用，生成黑色的硫化铜。

那如何使它光亮如新呢？只需用蘸浓氨水的棉花擦洗发暗的铜

器表面，铜器就会立刻发亮。因为用浓氨水擦洗铜器的表面，氧化铜、碱式碳酸铜和硫化铜都会转变成可溶性的铜氨络合物而被除去。或者用醋酸擦洗，把表面上的污物转化为可溶性的醋酸铜，再用清水洗净铜器，铜器就又变亮了，但效果不如前者好。

3

我们居住的化学物质世界

　　地球是人类共同的家园，是人类赖以生存的物质基础。而地球本身就是一个巨大的化学王国，从物质组成到发展变化，无不是化学的功劳。我们生活在这个千奇百怪的化学世界里，一方面，我们可以利用大量的化学资源为我们造福，方便我们的生活；另一方面，化学世界里也存在许许多多的危机，威胁我们的生命和健康。所以，我们对于日常所遇到的物质、现象一定要保持小心谨慎的态度，用其利，避其害。

怎样防止煤气中毒

 你知道吗

　　煤气中毒即一氧化碳中毒，是指在密闭的居室使用煤炉取暖、做饭，或长时间使用燃气热水器洗澡而又通风不畅等，吸入过量一氧化碳而引起的中毒。每年的秋冬季节都是煤气中毒的高发季节。煤气中毒的原理是什么呢？我们又该怎么防治呢？

燃气热水器使用到一定年限
需要及时更换，以防煤气中毒

蜂窝煤也是煤气中毒的一大来源

化学原理

　　煤气通常指由固体燃料（或重油）经干馏或气化等过程而得到的气体产物，主要成分为氢、甲烷、一氧化碳、乙烯、氮以及二氧化碳等。其中，氢、甲烷、一氧化碳和乙烯等都是可以燃烧的，并且占有这种混合气体的最大比例，所以煤气可以用作燃料。

　　我们平常所说的煤气专指一氧化碳，一氧化碳是煤在空气不流动的地方燃烧生成的。我们有时看见煤炉口上有蓝色的火焰，那就是一氧化碳气体在燃烧。

基本小知识

一氧化碳

　　一氧化碳的分子式为 CO，是一种无色、无味、含剧毒的无机化合物气体，比空气略轻。在水中的溶解度甚低，但易溶于氨水。可燃，燃烧时呈蓝色火焰。一氧化碳是含碳物质不完全燃烧的产物，可以作为燃料使用，煤和水在高温下可以生成水煤气。由于一氧化碳与体内血红蛋白的亲和力比氧与血红蛋白的亲和力大，而碳氧血红蛋白较氧合血红蛋白的解离速度慢，当一氧化碳浓度在空气中达到 35ppm 时，就会对人体产生损害，出现一氧化碳中毒。

　　一氧化碳是一种无色无味的气体，不易被察觉。血液中血红蛋白与一氧化碳的结合能力比与氧的结合能力要强，而且血红蛋白与氧的分离速度很慢。所以，人一旦吸入一氧化碳，氧便失去了与血红蛋白结合的机会，使组织细胞无法从血液中获得足够的氧气，致使人呼吸困难。

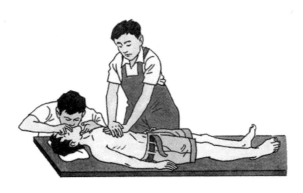

煤气中毒的急救

　　日常生活中的煤气中毒主要指一氧化碳中毒和液化石油气、管道煤气和天然气中毒，前者多见于冬天用煤炉取暖，门窗紧闭，排烟不畅时；后者常见于液化灶具泄漏或煤气管道泄漏等。煤气中毒初期，人会感觉头痛、头昏、恶心、呕吐、软弱无力；中度和重度中毒时，人会出现抽筋、昏迷，两颊、前胸皮肤及口唇呈樱桃红色，大小便失禁，呼吸衰竭等症状，如救治不及时，则很快因呼吸抑制而死亡。

 **延伸阅读**

煤气中毒的急救误区

误区一：煤气中毒患者冻一下会醒。

一位母亲发现儿子和儿媳煤气中毒，她迅速将儿子从被窝里拽出让其躺在院子里，并将冷水泼在儿子身上。当她欲将儿媳从被窝里拽出时，救护车已来到，此时儿子因缺氧加寒冷刺激，呼吸、心跳已停止，命归黄泉。儿媳则经医院抢救脱离了危险。另有爷孙二人同时煤气中毒，村子里的人将两人抬到屋外，未对两人采取任何保暖措施。抬出时两人都有呼吸，待救护车来到时爷爷已气断身亡，孙子因严重缺氧导致心脑肾多脏器损伤，两天后死亡。

寒冷刺激不仅会加重缺氧，更能导致末梢循环障碍，诱发休克和死亡。因此，发现煤气中毒后一定要注意保暖，并迅速打"120"呼救。

误区二：有臭渣子味就是煤气。

一些劣质煤炭燃烧时有股臭味，会引起人头疼头晕。而煤气是一氧化碳气体，是无色无味的。有些人认为屋里没有臭渣子味就不会煤气中毒，这是完全错误的观念。

误区三：在炉边放盆清水可预防煤气中毒。

一氧化碳是不溶于水的，要想预防一氧化碳中毒，关键是门窗不要关得太严或安装风斗，烟囱要保持良好透气。

误区四：煤气中毒患者醒了就没事了。

一位煤气中毒患者深度昏迷，大小便失禁。经医院积极抢救，患者神志恢复，要求出院，医生再三挽留都无济于事。后来，这位患者不仅遗留了头疼、头晕的毛病，记忆力严重减退，还出现哭闹无常、注意力不集中等神经精神症状，家属对让患者早出院的事感到后悔莫及。

煤气中毒患者必须经医院的系统治疗后方可出院，有并发症或后遗症者出院后应服用药物或进行其他对症治疗，有些重度中毒患者需一两年才能完全治愈。

地膜也环保

？ 你知道吗

居住在农村的人或多或少都对地膜有一定的认识。地膜就是在地面上覆盖薄膜，通常覆盖的是透明或黑色的 PE 薄膜，也有绿、银色薄膜，虽然只有薄薄一层，但作用却相当大。地膜不仅能够提高地温、保水、保土、保肥，提高肥效，而且还有灭草、防病虫、防旱抗涝、抑盐保苗、改进近地面光热条件，使产品卫生清洁等多项功能。对于那些刚出土的幼苗来说，具有护根促长等作用。针对我国"三北"地区低温、

地　膜

少雨、干旱、贫瘠、无霜期短等限制农业发展的因素，地膜具有很强的针对性和适用性，对于种植二季水稻育秧及多种作物栽培也起了作用。但是用过后废弃的膜长期留在地里会对生态环境造成危害，不过后来出现了一种用完会自动消失的膜，这是怎么回事呢？

 化学原理

某高校教授提出用甘蔗渣、麦秆、芦苇浆做原料生产"再生纤维共混膜"的研究课题，并最终获得成功。使用共混膜不但能使农作物增产20%，而且其寿命一旦终结，其成分的30%可被微生物吃掉，剩余部分在40多天内自动降解，且对土壤无副作用。普通地膜等塑料废弃物不溶于水，在自然界中很难被生物分解，长期留在土壤里，会影响土壤透气性，阻碍水分流动和农作物的根系发育。

基本小知识

降解塑料

降解塑料是指可以被微生物或在自然环境条件下分解的塑料的总称。主要是可被微生物代谢的某些聚酯、天然高分子淀粉、纤维素等的改性产品以及它们与不能自然降解塑料（如聚乙烯）的混合物。

 延伸阅读

谈到可降解、可吸收，我们不免想到医用可吸收缝合线。可吸收缝合线是由聚乙交酯-丙交酯纺丝、编织而制成，其水解后的物质组织反应低，是可被人体吸收的一种医用缝合线。其抗张强度高，抗张强度维持时间超过伤口愈合所需的 5 ~ 7 天，打结强度大大超过羊肠线，为患者提供了安全保障。它的生物相容性好，对人体无致敏反应，无细胞毒性，无遗传毒性，无刺激，并能促进纤维结缔组织向内生长。吸收可靠，能被人体通过水解的方式吸收。

可吸收缝合线植入人体内 15 天后开始被吸收，30 天后大部分被吸收，60 ~ 90 天完全被吸收。它操作简便、质软、手感好，使用时滑爽、组织拖曳低、打结方便、牢固、无断线之忧。经过灭菌消毒的包装打开即可使用，操作便利。

医用可吸收缝合线

为什么不可以随意丢弃废电池

？ 你知道吗

随着社会的发展和人们环保意识的加强，越来越多的人懂得废弃的旧电池不可以随便丢弃。大家可能知道电池里有很多放射性元素对人体和环境不好，可是究竟是不是放射性元素在作怪呢？都有哪些放射性元素以

废旧电池危害大

及我们应该怎样处理才能避免伤害人体和环境呢？

化学原理

废旧电池的危害主要集中在其中所含的少量重金属上，如铅、汞、镉等。这些有毒物质通过各种途径进入人体，长期积蓄难以排出，损害神经系统、造血功能和骨骼，甚至可以致癌。如铅会导致神经系统（神经衰弱、手足麻木）、消化系统（消化不良、腹部绞痛）、血液中毒和其他的病变；汞会引起脉搏加快、肌肉颤动、口腔和消化系统病变，精神状态改变是汞中毒的一大症状；镉、锰主要危害神经系统。

神经系统

知识小链接

神经系统是指人和多细胞动物体内调节各器官的活动和适应外界环境的全部神经结构的总称，主要由脑、脊髓以及附于脑及脊髓的神经组成。动物的神经系统控制着肌肉的活动，协调各个组织和器官，建立和接受外来情报，并进行协调。神经系统是动物体最重要的连络和控制系统，它能测知环境的变化，决定如何应付，并指示身体做出适当的反应，使动物体内能进行快速、短暂的讯息传达来保护自己并生存。

那么废旧电池有哪些污染环境的途径呢？电池的组成物质被封存在电池壳内部，在使用过程中并不会对环境造成影响。但经过长期机械磨损和腐蚀，电池内部的重金属和酸碱等泄露出来，进入土壤或水源，就会通过各种途径进入人的食物链。过程简述如下：电池→土壤→微生物→动物循环→农作物→食物→人体神经→沉积发病。专家认为，由于电池污染具有周期长、隐蔽性大等特点，其潜在危害相当大，处理不当还会造成二次污染。据专家介绍，我国沿海某省的一些农民在回收铅酸蓄电池中的铅时，因为回收处理不当，把含有铅和硫酸的废液倒掉，不仅造成了人体铅中毒，而且使当地农作物无法生长。一节一号电池烂在地里，能使 1 平方米的土壤永久失去利用价值；一粒纽扣电池可使 600 吨水受到污染，相当于一个人一生的饮水量。

我们日常所用的普通干电池，主要有酸性锌锰电池和碱性锌锰电池两类，它们都含有汞、锰、镉、铅、锌等多种金属物质。废旧电池被遗弃后，电池的外壳会慢慢腐蚀，其中的重金属物质会逐渐渗入水体和土壤，造成污染。重金属污染的最大特点是它在自然界不能降解，只能迁移。

 趣味点击

重金属污染

重金属污染是指由重金属（铅、汞、镉、钴等）及其化合物造成的环境污染。主要由采矿、废气排放、污水灌溉和使用重金属超标制品等人为因素所致，其危害程度取决于重金属在环境、食品和生物体中存在的浓度和化学形态。重金属很难在环境中降解，并且具有生物富集性，给人体健康和生态环境带来严重的威胁。

 延伸阅读

既然废旧电池的危害这么大，那我们应该如何简单、环保地处理废旧电池呢？

废旧电池回收利用处理的过程大致有以下几步：

（1）分类。将回收的废旧电池砸烂，剥去锌壳和电池底铁，取出铜帽和石墨棒，余下的黑色物是作为电池芯的二氧化锰和氯化铵的混合物，将上述物质分别集中收集后进行加工处理，即可得到一些有用

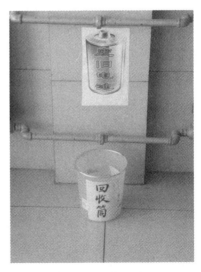

回收废旧电池

物质。石墨棒经水洗、烘干再用作电极。

（2）制锌粒。将剥去的锌壳洗净后置于熔化炉中，将其加热熔化并保温 2 小时，除去上层浮渣，倒在铁板上冷却，凝固后即得锌粒。

（3）回收铜片。将铜帽展平后用热水洗净，再加入一定量 10% 的硫酸煮沸 30 分钟，以除去表面氧化层，捞出洗净、烘干，即得铜片。

（4）回收氯化铵。将黑色物质放入缸中，加入 60 ℃的温水搅拌 1 小时，使氯化铵全部溶解于水中，静置、过滤、水洗滤渣 2 次，收集母液；再将母液真空蒸馏至表面有白色晶体膜出现为止，冷却、过滤得氯化铵晶体，母液循环利用。

（5）回收二氧化锰。将过滤后的滤渣水洗 3 次，过滤，将滤饼置入锅中蒸干，除去少许的碳和其他有机物，再放入水中充分搅拌 30 分钟，过滤，将滤饼于 100～110 ℃烘干，即得黑色二氧化锰。

白墙中的金属

？ 你知道吗

在我们周围，看似普通的白墙壁上，也隐藏着化学知识。比如，用来刷墙的石灰中就藏着金属钙；不仅如此，故宫中许多用汉白玉雕成的栏杆，也就是大理石中也有钙的身影。当然，在它

故宫的汉白玉栏杆

们之中，钙是以化合物的状态存在着的。石灰石是坚硬的固体，那

么它最后是怎么被"制服"而乖乖地贴在墙上的呢?

石灰石

 化学原理

石灰石的主要化学成分是碳酸钙。工业上生产水泥、生石灰等建筑材料所需的石灰石,一般都是从山岭中开采出来的,这正应了古诗《石灰吟》中的那句"千锤万凿出深山"。

石灰石开采出来后,必须经过高温煅烧才能变成水泥和生石灰。为了快点成为有用之才,它忍住了熊熊烈火的炙烤,真可谓"烈火焚烧若等闲"。

生石灰是一种白色固体,必须让它与水反应,变成粉末状的熟石灰,才能被用来刷墙。熟石灰微溶于水,用它的浑浊溶液刷完墙壁后,它会与空气

 趣味点击

石灰石

石灰石的主要成分是碳酸钙。石灰和石灰石被大量用作建筑材料,也是许多工业的重要原料。石灰石可直接加工成石料或烧制成生石灰。石灰有生石灰和熟石灰之分。生石灰的主要成分是氧化钙,一般呈块状,纯的为白色,含有杂质时为淡灰色或淡黄色。生石灰吸潮或加水就成为消石灰,消石灰也叫熟石灰,它的主要成分是氢氧化钙。熟石灰经调配可制成石灰浆、石灰膏、石灰砂浆等,用作涂装材料和砖瓦黏合剂。

中的二氧化碳反应，重新生成坚硬的碳酸钙。碳酸钙是白色的，所以用熟石灰刷过的墙壁十分洁白美观。这也正是诗中所说的"粉骨碎身浑不怕，要留清白在人间"。

 延伸阅读

起死回生的湖

某地有一个湖，它受酸雨（工厂排出的废气，使雨带酸性）污染，湖水酸度增大，湖中的鱼虾全都死去了，整个湖变成了一潭死水。

靠近湖边有一座大型蛋糕厂，每月要扔掉几吨蛋壳，工厂老板却苦于无处容纳这么多的废物。有人建议在那里开通一条水路，让蛋壳顺水流入湖中。工人照办了，结果妙极了。这样既解决了蛋壳的去处，又使湖水酸度下降，鱼虾重新出现，水草也生长起来，湖中呈现一片生机勃勃的景象。

蛋壳为什么能使湖起死回生呢？原来蛋壳的主要成分是碳酸钙，它会与酸起反应，消除湖水的酸性。

其实，这个办法与用石灰石粉消除土壤酸性的道理完全相同。上面的建议别出心裁地用难以处置的蛋壳代替石灰石粉，更妙的是开通了一条水路，让蛋壳自己顺水流入湖中，省去了运输的麻烦。

霓虹灯中的化学

 你知道吗

夜晚，走在灯火通明的街道上，我们常常会发现，道路两边的商店门上装饰着各种各样、五颜六色的霓虹灯，看上去十分漂亮。

霓虹灯为什么能发出各种颜色的光呢？

化学原理

原来，霓虹灯里"住"了几位特殊的"主人"，它们有一种奇特的本领，能使霓虹灯发出各种各样的光来。这几位"主人"就是氖、氩、氦和水银蒸气。氖可以使霓虹灯发出红色的光，氩可以使霓虹灯发出浅蓝色的光，氦可以让霓虹灯发出淡红色的光，水银蒸气能使霓虹灯发出绿紫色的光。有时候人们把它们混合在一起装在霓虹灯中，就可以让它们发出五颜六色的光来。

氖是在 1898 年由英国化学家拉姆塞发现的，它的希腊文意思是"新的"，即氖是一种从空气中发现的新气体。氖是一种十分"懒惰"的气体，它见了谁都"不理不睬"的，平常，人们几乎见不到它的化合物。氖是一种无色、无臭、无味的气体，在空气中

霓虹灯

广角镜

氖

氖是一种化学元素，化学符号为 Ne，原子序数 10，相对原子质量为 20.1797，属周期系 0 族元素，为稀有气体。氖在自然界中有 3 种稳定的同位素：氖-20、氖-21 和氖-22。其中，氖-20 的丰度最大。氖是无色、无味的气体，熔点为 -248.59 ℃，沸点为 -245.05 ℃，气体密度为 0.89990 g/L（标况）。在一般情况下，氖不发生化学反应。氖可由液态空气分馏产物经低温选择吸附法制取。氖在放电时发出红色的光，用于制造霓虹灯，还被大量用于高能物理研究。

的含量很少。在电场的激发下，氖能射出红色的光。霓虹灯就是利用氖的这个特性制成的。在霓虹灯的两端，装两个用铁、铜、铝或镍制成的电极，灯管里装上氖气。通电时，氖气受到电场的激发，放出红

氖气灯

色的光。这种红光在空气中的透射力很强，甚至可以穿过浓雾。因此，氖灯常被用在港口、机场、水陆交通线的灯标上。

氩是一种无色、无味、无臭气体，在空气中的含量将近1%，虽然比重不大，但比起其他惰性气体，却要多得多。氩除了被用来制造五光十色的霓虹灯，还被用来填充普通的白炽灯。因为氩是惰性气体家族里在空气中含量最多的一位成员，比较易得，而且氩分子的运动速度特别小，导热性差，把它装在电灯泡中，可以大大延长电灯泡的使用

📷 广角镜

氩

氩是一种非金属元素，化学符号为 Ar。氩是单原子分子，单质为无色和无味的气体，是稀有气体里在空气中含量最多的一个。由于氩在自然界中含量很多，所以它是最早被发现的稀有气体。氩的化学性质极不活泼，但是人们已制得其化合物——氟氩化氢。氩不能燃烧，也不能助燃。氩的最早用途是向电灯泡内充气。焊接和切割金属时也使用大量的氩。氩还可用作电弧焊接不锈钢、镁、铝和其他合金的保护气体，即氩弧焊。

寿命。氩还是各种金属在焊接时的"保护神"。比如，在空气中焊接铝、镁等金属时，铝、镁等很容易氧化和燃烧，难以焊牢。如果

向焊缝表面喷一层氩气，把金属和空气隔开，这样在氩气的安全保护下，它们就很容易被焊牢。"原子能锅炉"的核燃料钚，在空气中也会迅速氧化，它同样需要在氩气的保护下进行机械加工。

 延伸阅读

有个成语叫"差之毫厘，谬以千里"，意思是说，开始稍差一点儿，结果却能造成很大的错误。氩的出世恰好印证了这个成语。

事情要从 1890 年说起。当时的人们认为，空气是由氮气、氧气、二氧化碳和水蒸气四种气体组成的。然而，英国科学家瑞利在测定氮气密度时却发现了一件怪事：他设法除掉了空气中的氧气、二氧化碳和水蒸气，按理来说剩下的气体都是氮气了。可是，测定下来的结果却是每升氮气重 1.257 2 克。

为了证实这个结果是否可靠，他又从氨气中分离出了氮气，再测定一下，结果竟然是 1.250 1 克，比上面测量的结果轻了 0.007 1 克。这可真是怪了，分明都是氮气，怎么会出现这么大的误差呢？

瑞利决心重新做这个实验。他异常小心地不放走任何一个小气泡。结果还是每升相差 0.007 1 克。他想，不妨再从其他的含氮化合物中制出氮气来，多实验几次。可结果和从氨气中取得的氮气一样，每升也是相差 0.007 1 克。

这是什么原因呢？瑞利百思不得其解。

1892 年，他在一家著名的杂志上写了一篇文章，想征求其他科学家的帮助。然而，他没有收到回信。

到了 1894 年的夏天，瑞利的朋友，化学家拉姆塞表示愿意和他一起探索这个秘密。

他们详细地研究了实验过程，最后拉姆塞想到，也许从空气中分离出来的氮气并不纯净，其中含有某种密度大于氮气的气体，因而造成了这个微小的误差。

于是，瑞利和拉姆塞分头进行了实验。经过夜以继日的努力，他俩都制得了少量的特殊气体。这种化学性质奇"懒"的气体，他们还是头一回碰到。于是他们就把它取名为"氩"，希腊文的意思是"懒惰、不活泼"。

虽然误差只有 0.007 1 克，可是瑞利和拉姆塞抓住不放，打破砂锅"寻"到底，终于把氩这个"懒"家伙从空气中"揪"了出来。这 0.007 1 克的误差虽然很小，却说明了 1890 年时人们对空气的认识是十分片面的。这真是"差之毫厘，谬以千里"呀！

为什么泡沫灭火器能灭火

？ 你知道吗

一天，消防队接到电话，说有人客厅着火了。消防员很快赶到了现场，拿出泡沫灭火器，对着火焰，然后按动操纵杆，只见一股泡沫不断地从灭火器里喷出来，覆盖在了火焰上，火很快就被扑灭了。泡沫灭火器为什么能灭火呢？

用泡沫灭火器灭火

化学原理

　　原来，泡沫灭火器里装的是明矾水和碳酸氢钠溶液，还有一些能产生泡沫的物质。起初它们是分开的，在消防员拉动操纵杆时，它们便混合在一起，发生化学反应，生成大量的二氧化碳泡沫，二氧化碳既不能燃烧也不能帮助燃烧，它盖在火焰上之后，就把可燃物质与空气隔开了。在一般情况下，没有氧气物质是不能燃烧的，所以火就被扑灭了。

明　矾

　　明矾即十二水硫酸铝钾，又称白矾、钾矾、钾铝矾和钾明矾，是含有结晶水的硫酸钾和硫酸铝的复盐。明矾为无色透明晶体，呈块状或粉末状。明矾的密度为 1.757 克/厘米^3，熔点为 92.5 ℃。在 64.5 ℃时失去 9 个分子结晶水，约 200 ℃时完全失去结晶水，溶于水，不溶于乙醇。明矾性味酸涩，有毒，故有抗菌、杀虫等作用，可用作中药。明矾还可用于制备铝盐、发酵粉、油漆、鞣剂、澄清剂、媒染剂、造纸、防水剂等。

 延伸阅读

能"呼风唤雨"的干冰

　　干冰其实就是固态的二氧化碳。二氧化碳气体在加压和降温的条件下，会变成无色液体，再降低温度，便变成白色固体，经过压缩，就会变成干冰。在一个标准大气压下，干冰可以在 -78 ℃时直接变成气体。

　　干冰为什么会有"呼风唤雨"的本领呢？天不下雨，不是水蒸气没有遇到凝结核，结不成小水点，就是已经凝结的小水点因为气温太高，没等落到地面，就已经蒸发掉了。当飞机把干冰撒在空中，干冰立即汽化，向云层吸取大量的热，使云层急剧降温。每克干冰能造成 100 亿个小冰晶，周围的云雾碰到小冰晶，便以它为中心凝成大水滴，于是就下起雨来。

用干冰进行人工降雨

　　干冰大事做得了，小事也干得来。当用火车运载海鲜时，它就"守卫"在海鲜的旁边，起制冷防腐的作用。干冰外表像冰，但它比冰优越得多。干冰熔化时不会像冰那样变成液体，而是直接变成气体，四周干干净净。干冰冷却的温度比冰低得多，而且变成气体后产生的二氧化碳，能抑制细菌的繁殖生长。干冰有时也"蹲"在作物的温室里，逐渐挥发出二氧化碳，给作物提供光合作用的原料，促进作物开花结果，提高作物的产量。

玻璃上的花纹

？ 你知道吗

　　在商场里，我们经常可以看到刻有花纹图案的精致玻璃工艺品，家里的浴室、橱柜等安装的玻璃上也有许多美丽的花纹。在化学实验室里，也随处可见刻有精细刻度的玻璃仪器，如温度计、量筒、滴管和吸管等。玻璃质硬而且光滑，要像雕刻图章那样在玻璃上画花纹和刻度是十分困难的。那么，这些花纹和刻度是如何刻上去的呢？是用笔还是用锋利的刀呢？

化学原理

刻有文字、图案或花纹的玻璃作为装饰品，美观大方。要在玻璃上刻画纹路，并不是用什么锋利的工具，而是使用一种化学药剂——蚀刻剂来腐蚀刻制玻璃。

蚀刻剂的主要成分是氢氟酸。蚀刻方法是将待刻的玻璃洗净晾干平置，于其上涂布用汽油溶化的石蜡液作为保护层，于固化后的石蜡层上雕刻出所需要的文字或图案。雕刻时，必须雕透石蜡层，使玻璃露出。然后，将氢氟酸滴于露出玻璃的文字或图案上。根据所需文字或图案的深浅，控制腐蚀强度。经过一定时间之后，用温水洗去石蜡

 广角镜

氢氟酸

氢氟酸是氟化氢的水溶液，具有强烈的腐蚀性，纯氟化氢有时也称作无水氢氟酸。因为氢原子和氟原子间结合的能力相对较强，使得氢氟酸在水中不能完全电离，所以理论上低浓度的氢氟酸是一种弱酸，但是氢氟酸却能够溶解很多其他酸都不能溶解的玻璃。正因如此，它必须被储存在塑料容器中。如果要长期储存，不仅需要密封容器，而且容器内应尽可能保持真空，因为氢氟酸能够溶解绝大多数无机氧化物。

和氢氟酸，即可制得具有美丽文字或图案的玻璃。

 延伸阅读

用氢氟酸雕刻玻璃的方法虽然沿用已久，但是由于汽油和氢氟酸的挥发污染严重，需要保护层，操作复杂，因此产生了新的蚀刻方法雕刻玻璃上的花纹。这种方法是用以氟化铵为有效成分的蚀刻剂来蚀刻玻璃，蚀刻过程不需保护层，污染少，操作易。它具有以下特点：①使用特制的以氟化铵为有效成分的蚀刻剂，污染少，操

作环境有较大改善；②不需保护层，既可节约石蜡和汽油，又可减少制造工序，提高功效；③原料易得，配制简单，使用方便；④与以往相比，制得的蚀刻玻璃质量好、成本低。通过这种方法蚀刻的玻璃，可用作商店字号、家庭牌匾、装饰用品以及奖杯等；蚀刻的玻璃器皿，宜用作工艺品、日用器皿，供装饰和日用等。

阳光的作用

你知道吗

居室的朝向颇受人们的重视，这是因为人们已积累了有关阳光的化学作用的丰富经验，除热量、光感外，阳光是紫外线的天然来源。你知道阳光有哪些重要的作用与我们的生活息息相关吗？

阳光下的花朵

化学原理

阳光对于我们的生活有哪些作用呢？

1. 合成维生素 D

阳光中具有促进人体合成维生素 D 的紫外线，从而防止佝偻病。激活试验表明，如果动物体内有足量维生素 D，但丝毫不接受紫外线照射，则仍会使其血液中无机磷下降、磷酸酯酶活性升高（佝偻病的早期指标之一），即维生素 D 不被吸收，佝偻病依旧发生；相反，如果适当照射紫外线，即使只摄入低剂量的维生素 D，仍可防止佝偻病。因此，孕妇和婴幼儿晒太阳十分重要。紫外线因此获得了"太阳维生素"的雅称。其原理如下：皮肤的皮下组织中有麦角固醇和 7－脱氢胆固醇，经紫外线照射后，它们能转化成维生素 D_2、维生素 D_3，进而使血液中的无机磷和磷

婴儿晒太阳

酸酯酶的含量均保持在合适范围，有利于维持机体的正常代谢功能，促进钙的吸收，对预防婴幼儿佝偻病有决定作用。

基本小知识

紫外线

　　紫外线是在电磁波谱中介于紫光和 X 射线之间的电磁辐射，波长一般为 $0.04 \sim 0.39$ 微米，不能引起人的视觉。紫外线可分为长波紫外线、近紫外线、中波紫外线、中紫外线、短波紫外线、远紫外线、真空紫外线和极紫外线。玻璃对波长小于 0.35 微米的紫外线能强烈吸收，波长小于 0.2 微米的紫外线被空气强烈吸收。自然界的主要紫外线光源是太阳，水银灯和电弧是常用的人工紫外线光源。紫外线通常用光电元件和感光乳胶来检测。在生物学和医学上，紫外线常被用于杀菌消毒，诱发突变，治疗皮肤病和软骨病等。

2. 杀菌作用

　　阳光中的紫外线与人体健康关系尤为密切，如不正确利用阳光，则会有害人体健康，因为紫外线可致皮肤癌。据统计，美国皮肤癌患者生活在南部日照强的地区的比北部地区的多，白人比黑人多，室外作业者比室内工作者多，其机制尚不清楚，是否是由于杀

菌作用强烈，致正常细胞受害，DNA 的变性而导致突变，尚无定论。紫外线之所以能杀菌，是因为它能被核酸吸收，使 DNA 分子上相邻部位的胸腺嘧啶形成二聚体，从而破坏 DNA 的正常功能。其杀菌能力与形成胸腺嘧啶二聚体的数量成正比，因此，阳光中的紫外线能杀灭空气中的流感病毒、肺炎及流脑病菌，这就是日照充足的夏季很多经空气传播的传染病不易流行的原因。

 延伸阅读

阳光还有晒焦作用，即色素形成作用。其中的原理如下：皮肤基底细胞中的黑色素原在紫外线的照射下可被氧化形成黑色素，沉着于皮肤上，这是机体的一种保护性反应；由于黑色素的沉积，可使大部分太阳辐射线特别是其短波部分，被皮肤表面吸收，阻止其透入深部组织，受照射的表层皮肤则由于吸收射线而温度升高，通过表面血管舒张及出汗，增加体表散热，使机体和环境达到代谢平衡。

知识小链接

黑色素

　　黑色素是一种生物色素，是酪氨酸经过一连串化学反应所形成的，动物、植物与原生生物都有这种色素。黑色素通常是以聚合的方式存在。正是由于黑色素的存在，皮肤才有了颜色。一旦黑色素在某种原因下不能形成，也就造成了色素脱失，从而形成白斑。

臭氧层空洞

 你知道吗

臭氧广泛存在于大气之中，主要分布在 10～50 千米高度的大气中，极大值出现在 20～25 千米之间的大气中。这一区域的臭氧几乎环绕整个地球，因此被称作臭氧层。

包围着地球的臭氧层模拟图

由于污染严重，臭氧层出现了许多空洞，不过，臭氧层空洞并不是一个真实的洞，而是在浓密的臭氧层上出现了一处极为稀薄，甚至无法构成臭氧层的区域。这一区域中仍有臭氧分子存在，只是密度很小。臭氧层空洞严重影响着对应区域地面和水下的生物，包括人类的健康和繁衍。那么，臭氧层空洞是如何形成的呢？

 化学原理

在高层大气中（距离地面 15～24 千米），氧吸收太阳紫外线辐射而生成可观量的臭氧。光子首先将氧分子分解成氧原子，氧原子与氧分子反应生成臭氧。

臭氧和氧气属于同素异形体，在通常的温度和压力条件下，两者都是气体。

当臭氧的浓度在大气中达到最大值时，就形成厚厚的臭氧层。臭氧能吸收波长为 0.2～0.29 微米的紫外线，从而防止这种高能紫外线对地球生物的危害。

1984 年，人类发现南极

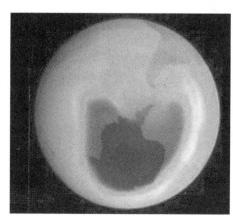

南极上空的臭氧层空洞

上方出现了面积与美国大陆相近的臭氧层空洞，后又发现北极上空正在形成另一个臭氧层空洞。此后，人们发现臭氧层空洞并非固定在一个区域内，而是每年在移动，且面积不断扩大。臭氧层变薄和出现空洞，意味着有更多的紫外辐射线到达地面。

臭氧层被破坏的原因有多种，其中公认的原因之一是氟利昂（氟氯甲烷类化合物）的大量使用。氟利昂被广泛应用于制冷系统、发泡剂、洗净剂、杀虫剂、除臭剂、头发喷雾剂等。氟利昂化学性质稳定，易挥发，不溶于水。但进入大气平流层后，受紫外线辐射而分解产生氯原子，氯原子则可引发破坏臭氧循环的反应。

平流层

平流层，亦称同温层，指对流层顶以上到离地面约50千米的大气层，是地球大气层里上热下冷的一层，此层被分成不同的温度层，中高温层置于顶部，低温层置于底部。平流层中水汽和尘埃含量稀少，空气较为稳定，天气现象少见，能见度好，航空飞行多选择在平流层。

另外，大型喷气机的尾气和核爆炸烟尘的释放高度均能达到平流层，其中含有各种可与臭氧作用的污染物，如一氧化氮和某些自由基等。

近年来，一个令人振奋的好消息传来：地球的"保护伞"——臭氧层正在慢慢修复。根据美国国家航空航天局（NASA）和美国国家海洋和大气管理局（NOAA）的最新监测数据，南极上空的臭氧层空洞面积已经缩小到1988年以来的最小水平。

这主要归功于全球共同努力的结果。1987年，26个国家签署了具有里程碑意义的《蒙特利尔议定书》，严格限制破坏臭氧层的化学物质（如氯氟碳化合物）的生产和使用。经过30多年的努力，大气中这些有害物质的浓度已经显著下降。科学家们估计，如果继续保持现在的修复速度，到2066年左右，臭氧层有望完全恢复到

1980 年的水平。

不过，我们也不能掉以轻心。气候变化带来的大气环流变化可能会影响臭氧层的恢复速度。此外，一些新型化学物质的使用也需要严格监控。作为普通民众，我们也可以通过选择环保产品、合理使用空调等实际行动，为保护臭氧层贡献自己的一份力量。

 延伸阅读

臭氧层的破坏造成的危害主要表现在下列几个方面。

1. 对人类健康的影响

紫外线对促进合成维生素 D，对骨组织的生成、保护均起有益作用。但紫外线中的中波紫外线照射过量会引起皮肤癌和免疫系统及白内障等疾病。此外，紫外线还会使皮肤过早老化。

2. 对植物的影响

科学家曾对 200 多个品种的植物进行了增加紫外线照射的实验，发现其中 2/3 的植物显示出敏感性。试验中有 90% 的植物是农作物品种，其中豌豆、大豆、南瓜、西红柿以及白菜等农作物对紫外线特别敏感，花生和小麦等对紫外线有较好的抵御能力。一般说来，秧苗比有营养机能的组织（如叶片）更敏感。紫外辐射会使植物叶片变小，因而减少捕获阳光进行光合作用的有效面积，生成率下降。对大豆的初步研究表明，紫外辐射会使其更易受杂草和病虫害的损害，产量降低。同时中波紫外线可改变某些植物的再生能力及收获产物的质量，这种变化的长期生物学意义（尤其是遗传基因的变化）是相当深远的。

3. 对水生系统的影响

中波紫外线的增加，对水生系统也有潜在的危险。水生植物大多贴近水面生长，这些小型浮游植物的光合作用最容易被削弱，从而危及整个生态系统。中波紫外线的增强还可通过消灭水中微生物而导致淡水生态系统发生变化，并因此减弱水体的自然净化作用，此外还可杀死幼鱼、小虾和蟹等。

4. 对其他方面的影响

过多的紫外线会加速塑料老化，增加城市光化学烟雾。另外，氟利昂、甲烷、一氧化二氮等引起臭氧层破坏的痕量气体的增加，也会引起温室效应。

4

化学伴我们出行

出行是我们生产、生活必不可少的步骤。无论我们出行的目的是什么，绝大多数时候都离不开交通。现今社会仍然以化石能源为最基本的能源来源，所以，无论我们乘坐哪一种交通工具，都是化石能源在提供能量。而化石能源提供能量的过程就是化石能源燃烧放热的基本化学变化。汽车使用的汽油、柴油，飞机使用的航空煤油，都来源于石油或者煤炭的精炼。而电力机车所用的电，很大部分来源于火力发电厂，而煤炭是火力发电厂最基本的生产资料。这样看来，离开化学，人类将寸步难行。

公路沿线的化学物质

 你知道吗

连接城市、乡村和工矿基地之间，主要供汽车行驶并具备一定技术标准和设施的道路被称为公路。

公路的修建有一个不断提高技术和更新建筑材料的过程。最早是土路，易建但是也易坏，雨水多些，车马多些，便凹凸不平，甚至被毁坏。后来出现了碎石路，这比土路前进了一大步，再后来出现了砖块路。

在碎石上铺浇沥青是公路修建史上的一大突破，那么公路和化学有什么关系呢？

沥青公路

 化学原理

沥青是铺设公路的主要用料之一。它是多种碳氢化合物与氧、硫等非金属衍生物组成的混合物，或由煤和石油提炼制得，不溶于水、丙酮、乙醚、稀乙醇，溶于二硫化碳、四氯化碳等，是一种黑

色有机胶凝状物质，包括天
然沥青、石油沥青和煤焦油
沥青三种。它的主要成分是
沥青质和树脂，其次是高沸
点矿物油和少量的氧、硫和
氯的化合物，有光泽，呈液
体、半固体或固体状态，低
温时质脆，黏结性和防腐性
能良好。

沥　青

煤焦油

　　煤焦油是一种黑色或黑褐色黏稠液体，又称煤溚。它是
干馏煤制焦炭和煤气时的副产物，成分复杂，主要有酚类、
芳香烃和杂环化合物等。有致癌性。它主要用于分馏出各种
酚类、芳香烃、烷类等，并可用于制造染料或药物等。煤焦
油是焦化工业的重要产品之一，其组成极为复杂，多数情况
下由煤焦油工业专门进行分离、提纯后加以利用。煤焦油进
一步加工，可分离出多种产品，如樟脑丸、沥青、塑料、农
药等。

　　虽然沥青是十分重要的铺路材料，但是如果不善加利用，就会
造成巨大危害。三种沥青中以煤焦油沥青危害最大，在制作过程中
会排出大量的沥青烟。由于沥青中含有荧光物质，其中含致癌物质
比重极高，高温处理时随烟气一起挥发出来。沥青烟气是黄色的气
体，其中煤焦油呈细雾粒。

　　除了沥青，大量各种看不见的化学物质会沿公路积聚。行驶的
车辆、道路养护和道路自身使得这些物质混杂在一起。含量较低
时，这些化学物质和那些由自然界以有益化学方式提供的化学物质
是一样的。含量过高时，这些多余的化学物质就变成了污染物或者

致污物。

道路沿线积聚起来的化学物质一部分是通过空气短距离传送的，大部分是由雨水冲刷道路（或是通过道路渗漏）积聚而成的。

这些道路沿线的化学物质影响的不仅仅是水，还会在土壤、植物及动物体内富集，影响整个陆地生态系统。

 延伸阅读

公路等级的划分

公路按行政等级可分为国家公路、省公路、县公路、乡公路、村公路以及专用公路六个等级。一般把国道和省道称为干线，把县道和乡道称为支线。

国道是指具有全国性政治、经济意义的主要干线公路，包括重要的国际公路，国防公路，连接首都与各省省会、自治区首府、直辖市的公路，连接各大经济中心、港站枢纽、商品生产基地和战略要地的公路。

省道是指具有全省（自治区、直辖市）政治、经济意义，并由省（自治区、直辖市）公路主管部门负责修建、养护和管理的公路干线。

县道是指具有全县（县级市）政治、经济意义，连接县城和县内主要乡（镇）、主要商品生产和集散地的公路，以及不属于国道、省道的县际公路。

乡道是指主要为乡（镇）村经济、文化、行政服务的公路，以及不属于县道以上公路的乡与乡之间及乡与外部联络的公路。

村道是指直接为农村生产、生活服务，不属于乡道及以上公路的建制之间和建制村与乡镇联络的公路。

专用公路是指专供或主要供厂矿、林区、农场、油田、旅游区、军事要地等与外部联系的公路。

塑料飞机的起航

 你知道吗

塑料是用树脂等高分子化合物与配料混合，再经加热加压而形成的具有一定形状的材料。塑料在生活中应用十分广泛，比如轻便、耐磨的塑料袋，保持食物新鲜的保鲜膜，等等。

 化学原理

这里说的塑料飞机并不是小朋友玩的玩具飞机，当然，用来制造飞机的塑料也不是普通的塑料，而是一种特殊的复合塑料。

航空制造所用的复合塑料是一种聚合体树脂制成的矩阵结构，由耐热性能良好的增强型碳素纤维层或玻璃纤维层胶合而成，再利用熔炉打造成所需要的形状，以适应不同零部件所承受的压力。

基本小知识

树　脂

树脂一般为无定形的半固体或固体有机物质，受热后变软。有的可溶于有机溶剂，如醇、醚、酮等，不溶于水。树脂分为天然树脂和合成树脂两类。天然树脂大多取自植物或动物，如达玛树脂、松香、琥珀、紫胶、龙血胶等，主要用于涂料或绝缘材料。合成树脂可由各种单体聚合或由天然高分子化合物经化学加工而得，种类繁多，有酚醛树脂、环氧树脂、聚酯树脂等。合成树脂性能优良，其重要性及发展都超过天然树脂，广泛用以制造涂料、黏合剂、绝缘材料、合成纤维和塑料等。

新型复合塑料重量比铝合金轻，但强度却比铝合金高，而且绝缘性能好，抗腐蚀能力比一般的金属材料高。用其替代部分用金属制造的航空零部件，不但生产成本低，还可减轻飞机重量，降低油耗，提高飞行的航程和航速，改善飞机的飞行性能。

 延伸阅读

塑料中的绿色家族

废弃塑料非常难以被分解，因此形成令人十分头疼的"白色污染"。除造成污染外，普通工业塑料的生产还受到石油储量的制约。为此，科学家一直在寻找用石油的替代品来制造绿色塑料的方法，并取得了可喜的成果，有的已经开始投入商业性生产，这就是生物塑料。

生物塑料是指以淀粉等天然物质为基础，在微生物作用下生成的塑料。生物塑料无论从触感还是硬度上都与以石油为原料制成的普通塑料没有什么区别，但用聚乳酸分子制

 趣味点击

聚乳酸

聚乳酸亦称聚丙交酯，是由乳酸经缩聚反应或由丙交酯开环聚合而得的一类高分子化合物，具有优良的生物相容性、可降解性以及力学性能。由于在环保方面有巨大优势，聚乳酸逐步发展成为一种重要的合成类绿色生物降解高分子材料。它具有与生俱来的、优势良好的拉伸强度及延展度、相容性、光泽性、透明度、透气性和透氧性，可隔离气味、抑菌及抗霉，无毒、无刺激性。这些优异的性能使聚乳酸可以替代石油基的塑料，在纤维织物、工程塑料、农用地膜、包装材料、汽车和飞机内饰件等领域应用广泛，前景广阔。在民用领域如塑料制品、一次性用品等也有广泛市场。

成的生物塑料，很容易被微生物分解，因而不会对生态环境造成破坏。

玉米塑料是由乳酸菌发酵玉米粉产生高纯度的 L‑乳酸，再经

过化学聚合形成的高分子乳酸聚合体。玉米塑料神通广大，它可用来制造出生物降解发泡材料，它的强度、压缩应力、缓冲性、耐药性等均与苯乙烯类塑料相同。玉米塑料可制成农用地膜，用毕可堆肥，既可肥田，还能进一步在土壤中自然分解为二氧化碳和水，不会对环境造成污染。玉米塑料还可被加工成生物降解纺织纤维，具有极好的手感，更好的吸湿性、悬垂性和回弹性，被广泛地应用于非织造布、地毯和家庭装饰业。在医药领域，玉米塑料可制成骨钉、骨片、骨针和手术缝合线，在起到一定的固定治疗作用后，可以自行在体内分解消化，解除病人多次手术的痛苦；通过控制玉米塑料的聚合度，可以将玉米塑料制成缓释包裹材料，用作药物和固体保健食品的包裹胶囊等。

聚合度

知识小链接

聚合度是指聚合物分子链中的重复结构单元（单体单元）数，用 n 表示。用结构单元数表示聚合物的聚合度称"数均聚合度"，用 x 表示。例如，聚氯乙烯中结构单元是 $—CH_2—CHCl—$，x＝n；尼龙 -66 中结构单元为 $—COCH_2CO—$ 和 $—NH（CH_2）_6NH—$，x＝2n。由于聚合物分子量的多分散性，通常采用平均值 DP 表示。计算时由平均分子量除以重复单元分子量而得到。因聚合物分子量有数均、重均、黏均等几种分子量，所以对应的有数均、重均和黏均聚合度等。

汽车的利与弊

 你知道吗

如今，汽车已经成为人们不可缺少的交通运输工具。自从 1886

年第一辆汽车诞生以来，它便给人们的生活和工作带来了极大的便利，同时也发展成近现代物质文明的支柱之一。但是，我们也应该看到，在汽车产业高速发展、汽车产量和保有量不断增加的同时，汽车也带来了大气污染，即汽车尾气污染。

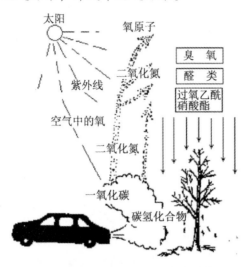

光化学烟雾的成因及危害示意图

1943 年，在美国加利福尼亚州的洛杉矶市，250 万辆汽车每天燃烧掉 1100 吨汽油。汽油燃烧后产生的碳氢化合物等在太阳紫外光线的照射下发生化学反应，形成浅蓝色烟雾，使该市大多市民患了眼红和头痛病。后来人们称这种污染为光化学烟雾。1955 年和 1970 年，洛杉矶又两度发生光化学烟雾事件，前者有 400 多人因五官中毒、呼吸衰竭而死亡，后者使全市大部分的人患病。这就是著名的洛杉矶光化学烟雾事件，也正是这些事件使人们深刻认识到了汽车尾气的危害性。

 化学原理

汽油主要由碳和氢组成。汽油正常燃烧时生成二氧化碳、水蒸气和过量的氧等物质。但由于燃料中含有其他杂质和添加剂，且燃料常常不能完全燃烧，因此常排出一些有害物质。研究表明，汽车尾气的成分非常复杂，其主要污染物包括一氧化碳、碳氢化合物和氮氧化合物。一氧化碳会阻碍人体的血液吸收和氧气输送，影响人体造血机能，随时可能诱发心绞痛、冠心病等疾病。碳氢化合物会形成毒性很强的光化学烟雾，损坏人

趣味点击

酸 雨

酸雨是指 pH 值小于 5.6 的雨雪或以其他形式出现的大气降水。酸雨出现的主要原因是工业生产排放大量二氧化硫和氮氧化物，经过复杂的转化生成硫酸、硝酸，最后随雨雪降落到地面而形成酸雨。酸雨有较大的腐蚀性，可酸化土壤，腐蚀建筑物，影响动植物生长和人体健康；江河湖水酸化，会导致鱼类死亡。

的眼睛和肺，使人中毒，并会产生致癌物质，对家畜、水果及橡胶制品和建筑物均有损坏。

延伸阅读

近年来，中国新能源汽车产业蓬勃发展。中国汽车工业协会发布的数据显示，2024 年我国新能源汽车产销突破 1000 万辆。中国新能源汽车市场持续升温，销量屡创新高。

从环保角度看，新能源汽车优势显著。其以电能等清洁能源为动力，在行驶过程中几乎不产生尾气，有效减少了二氧化碳、一氧化碳、氮氧化物等污染物的排放，极大地改善了空气质量，助力碳减排目标的实现。同时，新能源汽车降低了对石油等传统化石能源的依赖，推动能源结构向可持续方向转变。

然而，新能源汽车也存在一些环境污染隐患。新能源汽车的电池制造环节会产生有毒废物和化学物质，若废弃电池处理不当，会对土壤和水资源造成污染。另外，若电力来源主要是燃煤发电，新能源汽车的环保优势会大打折扣。并且，锂、钴等电池关键材料的

开采，可能引发一系列生态问题，如水源污染、土地退化等。

总体来说，新能源汽车发展前景广阔，虽存在不足，但随着科学技术的不断进步和政策的持续完善，未来在环保领域有望发挥更大的作用。

骆驼在沙漠中生存的秘密

？你知道吗

骆驼被称为"沙漠之舟"，能在沙漠地区生存，这是因为骆驼有驼峰，当旱季来临、缺少食物时，骆驼就从驼峰里吸收脂肪来维持生命。骆驼的脚又肥又大，脚下有肉垫，适于在沙子里行走；它的鼻子可以开闭，能抵抗风沙的侵袭；它的眼睛构造也可以避免刺眼的太阳光照。所以，骆驼能在沙漠中生活自如。

那么，骆驼是如何在干燥炎热的沙漠中惜水如金的呢？

沙　漠

化学原理

骆驼之所以能够长时间行走于沙漠之中，关键在于它的身体结构发生了与其他动物迥然不同的改变，以适应沙漠地区的生活，且它的排水量远远低于人类。

沙漠中的骆驼

骆驼饮水时并不会过量，或者说，它们饮进的水只是为了满足和缓解当时的脱水状况，把体液恢复到正常的容量水平。由此看来，骆驼在不饮水的条件下，维持生命活动所需的水分来自于体液的减少。正常体液的容量减去最大限度脱水时的体液容量，就是骆驼的体液系统所能提供的最大水分量。骆驼在夏季沙漠中

广角镜

体　液

　　体液是机体含有的大量水分和溶解在水里的各种物质的总称，由细胞内液和细胞外液构成。体液的 2/3 分布在细胞内，称为细胞内液，约占体重的 40%。其余 1/3 存在于细胞外，称为细胞外液。细胞外液又分为两类：一类是存在于组织细胞之间的组织间液（包括淋巴液和脑脊液），约占体重的 15%；另一类是血液的血浆，约占体重的 5%。

可以忍受体重损失 25% ~ 30% 的脱水，对一头体重为 500 千克的骆驼来说，意味着 125 ~ 150 千克的水分损失，反过来讲，也就是一头 500 千克的骆驼有 125 ~ 150 千克的水分贮备。这显然要比人们想象中的驼峰和水囊的贮水功能要大得多，因此，骆驼真正的贮水器应该是骆驼的体液系统，而不是驼峰或水囊。

与骆驼的高度耐脱水相适应的是，在骆驼的血液中有一种特殊的高浓缩的蛋白质，这种蛋白质具有很强的保水能力，在骆驼极度失水的情况下，这种血浆蛋白仍能维持血液中的水分，保证血液循环的正常运行，保证体液向体表的热扩散，增加了高温脱水状态下的存活力。

脱　水

　　脱水是指人体体液量的减少超过体重2%以上，不能即时补充，造成新陈代谢障碍的一种症状，严重时会造成虚脱，甚至有生命危险，需要依靠输液来补充体液。根据其伴有的血钠或渗透压的变化，脱水又分为低渗性脱水（即细胞外液减少合并低血钠）、高渗性脱水（即细胞外液减少合并高血钠）、等渗性脱水（即细胞外液减少而血钠正常）。

 延伸阅读

骆驼体内有专门的贮水器吗

　　经解剖证实，驼峰中贮存的是沉积脂肪，驼峰不是水袋。而脂肪被氧化后产生的代谢水可供骆驼生命活动的需要。因此，有人认为，驼峰实际存贮的是"固态水"。经测定，1克脂肪氧化后产生1.1克的代谢水，一个45千克的驼峰就相当于50千克的代谢水。但事实上，脂肪的代谢不能缺少氧气的参与，而在摄入氧气的呼吸过程中，肺部的失水与脂肪的代谢率不相上下。这一事实说明，驼峰根本就起不到"固态水"贮存器的作用，而只是一个巨大的能量贮存库，它为骆驼在沙漠中长途跋涉提供了能量消耗的物质保障。

　　除此之外，骆驼的瘤胃被肌肉块分割成若干个盲囊，即所谓的"水囊"。有人认为，骆驼一次性饮水后胃中贮存了许多水，才使骆驼不会感到口渴。而实际上那些水囊只能保存很少的水，而且其中混杂着发酵饲料，呈黏稠的绿色汁液状。这些绿汁中盐分的浓度和血液大致相同，骆驼很难利用其胃里的水。而且水囊并不能有效地与瘤胃中的其他部分分开，也因为其太小而不能构成确有实效的贮水器。从解剖结果来看，除了驼峰和胃以外，骆

骆驼

驼再没有可供贮水的专门器官。因此可断定，骆驼没有贮水器。

自行车中的化学知识

 你知道吗

自行车方便快捷，是绿色环保的交通工具，几乎是人们短途出行时会选择的交通工具。千万别小看了这小小的自行车，它的身上也隐藏着不少化学知识呢。

 化学原理

如果对自行车的历史稍加研究，就会发现用来制作自行车车架的材料一直在更新换代。

铬钼钢车架 20世纪90年代以前，自行车车架以铬钼钢制的为主流。铬钼钢的扭曲性能及拉伸性能好，焊接时的高温也不会影响素材，价格便宜。但它质量重，容易被氧化。

碳纤车架 质轻，而且能吸收地面的冲击，素材的反拨力快，是理想的自行车车架素材。碳纤维的等级越高，弹性也越好，价格

113

便越贵。碳纤车架的制造方法有很多，例如在模具上涂上黏合剂，重叠碳纤维，再热处理、凝固、成型等。

钛车架　钛比钢轻，且不容易氧化。为了提高拉伸强度，制造出了混合铝、钒等的钛合金。钛车架焊接时要在真空中进行，加工复杂，车架价格贵。

铝制车架　铝合金制的车架轻而刚性强，铝管道趋向大口径化。为了缓和过强的刚性，座管及车叉采用吸收冲击力强的碳纤等。

碳纤维

　　碳纤维是一种具有很高强力和模量的耐高温纤维，为化纤的高端品种。一般用聚丙烯腈纤维、黏胶纤维等作原料。以聚丙烯腈纤维为原料时，先在200～300 ℃的空气中进行预氧化，继而在惰性气体保护下用1 500 ℃左右的高温完成碳化，获得乱层石墨结构。用碳纤维制造的增强复合材料质地强而轻，耐高温、防辐射、耐水、耐腐蚀，是制造飞行器、兵器及耐腐蚀设备等的优良材料。

 延伸阅读

骑自行车的技术要点

　　骑自行车进行旅游特别是长途旅游时，掌握好骑自行车技术是很重要的，能节省体力、保证安全。

　　自行车车座的调整，是需要掌握的一个重要要点。自行车车座应调整到什么高度为最佳呢？一般说来，以车座较低并有5～10度的后倾最便于出游。因为低车座好处很多：一是低车座时蹬车灵活，可用脚的不同部位轮流用力，这样可使脚的各种肌肉轮流休息，延长耐久性；二是人的位置相对降低，可减少空气阻力，也便于伏在车把上，改进空气流量；三是微后倾，可使身体挺直，臀部受力均匀，减少疲劳感，同时又可减轻双臂的负担，保护手腕；四是能保证安全，在遇到紧急情况时，双腿伸直便可着地，这样可避免造成伤害。因此，旅游时对车座的调整，应以低车座为最佳，这对保持体力、速度、耐力都有很大的好处。

此外，骑自行车旅游选择好适当的速度也是非常重要的。一般来讲，在体力正常、道路平坦等条件下，骑普通自行车去长途旅游时，速度应保持在 15 千米/时左右，体力好的可加快到 20 千米/时。骑自行车旅游贵在保持速度，切忌忽快忽慢，有劲拼命骑、没劲步步停的现象。途中休息频率也可保持每 2 ~ 3 小时一次，不要想停就停，应坚持到时间或预定地点再休息。在特殊的道路条件下行车，适当地掌握行车速度更为重要。无论是山间小路，还是又长又陡的下坡道，车速既不可太快，也不可太慢，应因地制宜选择速度。

防弹玻璃是用什么做的

 你知道吗

为了保护一些重要人物的人身安全，通常他们乘坐的汽车都安装了防弹玻璃。从外表看，一块防弹玻璃和一块普通玻璃没什么两样。然而，这只是它们唯一的相似之处。一块普通玻璃，不要说子弹，就是我们的手掌也能将其击碎。而防弹玻璃，根据玻璃厚度和射击武器的不同，可以抵挡一发到数发子弹的袭击。那么，是什么赋予了防弹玻璃抵御子弹的能力呢？

防弹玻璃是在普通的玻璃层中夹上聚碳酸酯材料层，这一过程被称为层压。在这个过程中，形成了一种类似普通玻璃但比普通玻璃更厚的物质。聚碳酸酯是一种硬性透明塑料，抗冲击及电绝缘性能好。防弹玻璃的厚度为 7～75 毫米。射在防弹玻璃上的子弹会将外层的玻璃击穿，但聚碳酸酯玻璃材料层能够吸收子弹的能量，从而阻止它穿透玻璃内层。防弹玻璃的防弹能力取决于玻璃的厚度。步枪的子弹冲击玻璃的力度比手枪的子弹要大得多，所以防御步枪子弹的防弹玻璃比仅仅防御手枪子弹的防弹玻璃要厚得多。

有一种单向防弹玻璃，它的一侧能够防御子弹，却不阻碍子弹从另一侧穿过，这就能使受到袭击的人能够进行回击。这种防弹玻璃是由一层脆性材料和一层韧性材料层压制而成的。

想象一辆配备有这种单向防弹玻璃的汽车，如果车外有人向车内射击，子弹会先击中脆性材料层。冲击点附近区域的脆性材料会变得粉碎，并在大范围内吸收部分能量。韧性材料则吸收子弹剩余的能量，从而抵挡住子弹。同时，从车中由内向

防弹汽车

外发射子弹，子弹能够轻易地击穿玻璃。因为子弹的能量击中在一个小区域里，使得韧性材料外弹，这又使得脆性材料向外破碎，从而让子弹击穿韧性材料，击中目标。

 延伸阅读

为了降低大气污染程度，从 2000 年开始，我国在全国范围内

推广无铅汽油，实现了汽油无铅化，从根本上解决了汽车尾气中的铅污染问题。但是，很多人却误将无铅汽油当作无害绿色汽油，在生活中放松了对汽车尾气的防范。事实上，无铅汽油仍存在不少污染问题。

无铅汽油除了无铅，燃烧时仍可能排放气体、颗粒物和冷凝物，对人体健康的危害依然存在。其中，气体以一氧化碳、碳氢化合物、氮氧化物为主；颗粒物以聚合的碳粒为核心，呈散粉状，大部分颗粒物直径极小，可长期悬浮于空气中，易被人体吸入；冷凝物指尾气中的一些有机物，包括未燃油、醛类、苯、多环芳烃等。

在潜艇里如何呼吸

 你知道吗

潜艇是一种既能在水面航行又能潜入水中某一深度进行机动作战的舰艇，是海军的主要舰种之一。潜艇在战斗中的主要作用是对陆上战略目标实施核袭击或常规打击，摧毁敌方军事、政治、经济中心；消灭敌方运输舰船，破坏敌方海上交通线；攻击敌方大中型水面舰艇和潜艇；执行布雷、侦察、救援和遣送特种人员登陆等任务。当潜艇潜入深水时，里面的人是如何呼吸的呢？

 化学原理

空气主要由以下 4 种气体构成：氮气（约 78%）、氧气（约 21%）、稀有气体（约 0.94%）、二氧化碳（约 0.04%）。当我们吸入空气时，身体会消耗其中的氧气并将其转变为二氧化碳，呼出的气体中含有大约 4% 的二氧化碳。潜艇是一个密闭的能载人并能提供有限空气供给的容器。为了保持潜艇里的空气能够供人呼吸，必

须要解决以下几个问题：氧气被消耗后必须进行补充，如果空气中的氧气百分比太低，人就会窒息；随着二氧化碳浓度的升高，二氧化碳会变成一种毒素，因此必须从空气中去除二氧化碳；人体呼吸中排出的湿气必须除去。

那么该如何解决这些问题呢？

氧气是由加压气罐、氧气发生器（可以通过电解水或其他方式生成氧气）或某种"氧气罐"供给的。氧气或是通过可感知空气中氧气浓度的计算机系统持续释放，或是在一天中周期性地按批次释放。

潜艇里的工作人员

二氧化碳可以通过化学方法，如使用碱石灰（氧化钙、氢氧化钠、氢氧化钙、水等的混合物）从空气中去除。通过化学反应，二氧化碳被碱石灰吸收，由此将其从空气中去除。其他类似的反应也可以达到这一目的。

湿气可以通过干燥器或化学方法去除，这样可以防止湿气在艇内的墙上或者设备上凝结。

延伸阅读

潜艇的操纵系统用于实现潜艇下潜上浮，保持和变换航向、深度等。潜艇主压载水舱注满水时，能增加重量抵消其储备浮力，即从水面潜入水下。用压缩空气把主压载水舱内的水排出，潜艇重量减小，储备浮力恢复，即从水下浮出水面。艇内设有专门的浮力调整水舱，用于注入或排出适量的水，以调整因物资、弹药的消耗和海水密度的改变而引起的潜艇水下浮力的变化。艇首、艇尾还设有纵倾平衡水舱，通过调整首、尾平衡水舱水量以消除潜艇在水下可能产生的纵倾。艇首（或指挥室围壳处）和艇尾各设有一对水平升降舵，用以操纵潜艇变换和保持所需要的潜航深度。艇尾装有螺旋桨和方向舵，保证潜艇航行和变换航向。

知识小链接

升降舵

飞机或潜艇上用以控制俯仰运动的舵面。铰接于水平安定面后，可绕水平轴转动，使机（艇）身俯仰，或保持纵向平衡。

神秘的战船起火

你知道吗

从前，一支庞大的船队耀武扬威地出海远征。船队驶近某海时，突然，最大的补给船上冒出了滚滚浓烟，遮天蔽日。补给船被烧，远征的船队只好收帆转舵，返航回港。

但远征军的统帅并不甘心，费尽心机要查出补给船起火的原因。但是，查来查去，从司令官一直查到伙夫、马夫，没有任何人去点火放火。

化学原理

这桩历史奇案被后来的科学家破解了，找到了补给船起火的原因。原来是补给船的底舱里堆积得严严实实的草自发燃烧了，这种现象叫自燃。

自燃是由于可燃混合气体（或蒸气）自身热量或与无火花、无火焰的热表面接触，使温度升高，以及化学反应速度急剧增长而引起的着火现象。在燃烧理论中，自燃分为热自燃和链自燃两种。

热自燃理论认为，可燃混合气体化学反应的热量生成速率超过系统的散热速率，从而有过剩的热量加热可燃混合气体，使化学反应随着温度升高而迅速加快，进而使混合气体的温度迅速升高，直至引起混合气体燃烧。

链自燃理论认为，使化学反应自行加速不一定是依靠热量的积累，而是通过连锁反应，迅速增加活化中心来促使反应不断加速，直至着火燃烧。

自燃是一种复杂的化学现象和物理现象。对可燃混合气体，在发生自燃时总是需达到一定的温度。

自燃点不是一个固定不变的数值，它主要取决于氧化时所析出的热量和向外导热的情况。可见，同一种可燃物质，由于氧化条件不同以及受不同因素的影响，有不同的自燃点。

汽车自燃

草怎么会自燃呢？补给船底舱的草被塞得密不透风，有的开始缓慢地氧化，这实际上是一种迟缓的燃烧，氧化时放出热来，热散不出去，热量便越聚越多，温度升高，终于达到草的着火点，于是就自发地着火了。

 延伸阅读

在我们的生活中，自燃现象也不少见。农村的柴草垛、工厂的煤堆，有时会莫名其妙地冒热气，甚至生烟起火。有些废弃的煤矿，也会不断地发生自燃。弄清了自燃的科学原理，我们就可以设法预防了。

在堆放煤和柴草的时候，不能堆得太多、太高，要防止热量聚集。

在煤堆中央埋进几个铁篓子，从篓子里伸出铁管，通到煤堆顶上，这样可以使内部积存的热量迅速发散出来。

保持良好的通风，可以把缓慢氧化产生的热带走，降低温度。消除了燃烧的温度条件，也就杜绝自燃了。有经验的仓库工人经常翻仓倒垛，也是为了防止可燃物质自燃。

5

其他有趣的化学现象

　　化学是一位伟大的魔术师，它无时无刻不在表演着千奇百怪的神秘魔术。当我们被这些魔术所征服的时候，是否想过这些魔术背后的奥秘呢？其实，任何化学变化都是有理有据的，只要我们了解了其中的原理，就会觉得这些变化是再平常不过的现象。也许，在我们学习了丰富的化学知识后，我们也会成为一位真正意义上的魔术师呢。

"笑气"是怎样被发现的

英国化学家戴维于 1778 年出生在彭赞斯。戴维从小就勇于探索，他的兴趣很广泛，在学校里最喜欢的是化学课，常常自己做实验。

后来，戴维的父亲去世，为了谋生糊口，戴维到药房当了学徒。既学医学，也学化学。除读书外，他还做些较难的化学实验。

一天，一个叫贝多斯的医生登门拜访了戴维，并邀请他到条件很好的气体研究所去工作。

戴维欣然受聘，来到了贝多斯的研究所。该所想通过研究各种气体对人体的作用，弄清哪些气体对人有益，哪些气体对人有害。

戴维接受的第一项任务是配制一氧化二氮气体。他不负众望，很快就制出这种气体。当时，有人说这种气体对人有害，而有的人又说无害，各持己见，莫衷一是。制得的大量气体，只好装在玻璃瓶中留着备用。

1799 年 4 月的一天，贝多斯来到戴维的实验室，见他已制出许多一氧化二氮，便高兴地说："啊，不错，你的工作令人十分满意……"贝多斯夸奖戴维的话还未说完，他一转身，不小心把一个玻璃瓶子打碎了。

戴维慌忙过来一看，被打碎的正是装有一氧化二氮的瓶子，忙问：

戴 维

"您的手不要紧吧?"

"没事。真对不起,我浪费了你的劳动成果。"贝多斯边说边拣碎玻璃。

"没什么,我正要做试验呢,想看看这种气体对人究竟会有什么影响,这样一来还省得我开瓶塞……"戴维的话还未说完,就被贝多斯反常的表情弄得惊慌失措。

"哈哈哈……"一向沉着、孤僻、严肃得几乎整天板着面孔的贝多斯突然大笑起来,"戴维,哈哈哈……我的手一点儿都不疼,哈哈哈……"

"哈哈哈……"刚才还很惊慌的戴维也骤然大笑,"真的不疼?哈哈哈……"

两位的笑声惊动了隔壁实验室的人。他们跑来一看,都以为他俩患精神病了。

那么,你知道他俩为什么无缘无故笑得这么开心吗?

 化学原理

原来是泄漏的一氧化二氮起了作用。一氧化二氮俗称笑气,是一种无色有甜味的气体,化学式为 N_2O,在一定条件下能支持燃烧,但在室温下稳定,有轻微麻醉作用,并能致人发

 广角镜

乙 醚

乙醚也称乙氧基乙烷,分子式为 $(C_2H_5)_2O$,是一种用途非常广泛的有机溶剂,与空气隔绝时相当稳定。乙醚是一种吸入性麻醉剂,且是一种无色、易燃的液体。由于乙醚的沸点只有 34.6 ℃,因此极易挥发。乙醚很早就被用于外科手术的麻醉,但因为恢复期长且有副作用,目前已很少使用。乙醚蒸气能与空气形成爆炸性混合物,遇到火花、高温、氧化剂、高氯酸、氯气、氧气、臭氧等,就有发生燃烧爆炸的危险。有时也因静电而起火。略溶于水,能溶于乙醇、苯、氯仿、石油醚、其他脂肪溶液及许多油类。

笑，易溶于乙醇、乙醚及浓硫酸，微溶于水。该气体早期被用于牙科手术的麻醉，是人类最早应用于医疗的麻醉剂之一。它可由硝酸铵在微热条件下分解产生，产物除一氧化二氮外还有水，此反应的化学方程式为 $NH_4NO_3 \xrightarrow{\text{加热}} N_2O \uparrow + 2H_2O$。有关理论认为，一氧化二氮与二氧化碳分子具有相似的结构（包括电子式），其空间构型是直线型，为极性分子。

📚 **延伸阅读**

一氧化二氮的制取

原理：硝酸铵在 190～230 ℃ 的高温条件下分解成一氧化二氮和水。

$$NH_4NO_3 \xrightarrow{\text{加热}} N_2O \uparrow + 2H_2O$$

用品：大试管、铁架台、酒精灯、水槽、集气瓶、硝酸铵。

操作：

（1）在能适当加热的干燥装置中，在 80～100 ℃ 的温度下，使硝酸铵充分干燥。然后将其磨碎，再在 80～100 ℃ 的温度下干燥后，迅速放入瓶里加塞保存备用。

（2）取 2 克上述干燥的硝酸铵，加入干燥的试管里，加热（剪短酒精灯的灯芯，使火焰不会太大）后硝酸铵熔融成液体，像水沸腾那样，气泡翻滚。用向上排空气法收集一氧化二氮气体。

注意事项：

（1）本实验加热的温度不宜过高。温度过高，可能分解生成氮气、一氧化氮和二氧化氮，并且容易引起爆炸。

（2）硝酸铵的用量控制在 2 克左右，以免发生爆炸。

（3）试管口应略低于水平线。这样就能避免反应生成的水与加热部分接触，引起试管破裂。

（4）2克硝酸铵在常温、常压下理论上能收集到610毫升一氧化二氮，但由于部分熔融硝酸铵随生成的水流走，因此只能收集到约300毫升气体，所以用一个250毫升的集气瓶就可以了。

另外，一氧化二氮还可以用无水硝酸钠和无水硫酸钠混合物加热分解制得。

但是，一氧化二氮是一种具有温室效应的气体，是《京都议定书》规定的6种温室气体之一。一氧化二氮在大气中的存留时间长，并可输送到平流层。同时，一氧化二氮也是导致臭氧层损耗的物质之一。

与二氧化碳相比，虽然一氧化二氮在大气中的含量很低，但其单分子增温潜势却是二氧化碳的上百倍，对全球气候的增温效应在未来将越来越显著。一氧化二氮浓度的增加，已引起科学家的极大关注。

肥皂的历史

 你知道吗

在我们的生活中，曾经离不开肥皂。洗脸用香皂，洗澡用药皂，洗衣服用洗衣皂。脸要天天洗，衣服也要勤洗勤换。衣服穿久了，由于尘土、油污和汗水的玷污，会散发出酸臭味，是滋生病菌的温床，脏东西还会腐蚀、毁坏织物的纤维，只有经常洗涤才能使衣服"延年益寿"。

那么你知道肥皂的发展历史吗？

 化学原理

古埃及人发现用草木灰和羊脂混合以后得到的一些东西能去

污，这大概是最早的肥皂了。古时候的法国（那时叫高卢）人用草木灰水和山羊油做成一种粗肥皂，有点像我们今天理发店里的洗发水。稍后一些时候，人们将猪油与天然碱搅拌，反复揉搓挤压，得到跟今天的肥皂差不多的"猪胰子皂"。中国古代常用草木灰或皂荚洗衣服。

 趣味点击

皂 荚

　　皂荚，又名皂角，是我国特有的苏木科皂荚属树种之一，生长旺盛，雌雄异株，雌树结荚能力强。皂荚果是医药品、保健品、化妆品及洗涤用品的天然原料；皂荚种子可消积、化食、开胃，并含有一种植物胶（瓜尔豆胶），是重要的战略原料；皂荚刺（皂针）内含黄酮甙、酚类、氨基酸，有很高的经济价值。

　　我们现在用的肥皂是从工厂的大锅里熬出来的。制皂工厂的大锅里盛着牛油、猪油或者椰子油，然后加进氢氧化钠或碳酸钠用火熬煮。油脂和氢氧化钠发生化学反应，生成肥皂和甘油。因为肥皂在浓盐水中不溶解，而甘油在盐水中的溶解度很大，所以可以用加入食盐的办法

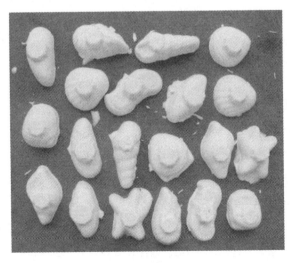

形状各异的肥皂

把肥皂和甘油分开。因此，当熬煮一段时间后，倒进去一些食盐，大锅里便浮出厚厚一层黏黏的膏状物。用刮板把膏状物刮到肥皂模型盒里，冷却以后就结成一块块的肥皂了。药皂和一般的肥皂差不多，只是加进了一些消毒剂。

📚 延伸阅读

甘油是制皂工业的重要副产品，在国防、医药、食品、纺织等方面，都有很大的用途。

甘 油

甘油又名丙三醇，是一种无色、无臭、味甘的黏稠液体。甘油的化学结构与碳水化合物完全不同，因而不属于同一类物质。每克甘油完全氧化可产生 4 千卡热量，经人体吸收后不会改变血糖和胰岛素水平。甘油是食品加工业中通常使用的甜味剂和保湿剂，大多出现在运动食品和代乳品中。食品中加入甘油，通常是作为一种甜味剂和保湿物质，使食品爽滑可口。甘油是甘油三酯分子的骨架成分。当人体摄入食用脂肪时，其中的甘油三酯经过体内代谢分解，形成甘油并储存在脂肪细胞中。因此，甘油三酯代谢的终产物便是甘油和脂肪酸。

甘油通常是从油脂中提炼制成的。甘油具有很强的吸湿性，纯净的甘油能吸收40%的水分，所以搽在皮肤上能形成一层薄膜，有隔绝空气和防止水分蒸发的作用，还能吸收空气中的水分。所以，冬季人们常用甘油搽手和面部等暴露在空气中的皮肤表面，使皮肤保持柔软，富有弹性，不受尘埃、气候等损害而变干燥，起到防止皮肤冻伤的作用。

但是，纯净的甘油不宜直接用，应该先在纯甘油中加入50%左右的洁净凉开水，混合均匀后再用。因为纯甘油吸水性很强，直接使用不但没有润肤作用，反而会把皮肤上的水分夺走，使皮肤变得格外干燥或皲裂。皮肤多脂的人，可以略微搽一些甘油，或在洗手、洗脸的水里加几滴甘油，有助于皮脂溶解。但如果皮肤已经破损，则不宜再搽甘油，以免刺激皮肤，影响伤口的愈合。

甘油应贮在玻璃瓶内塞紧，防止灰尘、脏物混入，放置低温、阴凉的地方保存。

会自动长毛的铝鸭子

 你知道吗

找一张铝箔，把它折成鸭子状（注意：有铝的一面向外）。

用毛笔蘸硝酸汞溶液，在铝鸭子周身涂刷一遍，或将铝鸭子浸在硝酸汞溶液中，再用棉花或干净的布条把"鸭子"身上多余的药液吸掉。几分钟后，你会惊奇地看到"鸭子"身上竟长出了白茸茸的毛！更奇怪的是，用棉花把"鸭子"身上的毛擦掉之后，它又会重新长出新毛来。

铝鸭子为什么会长毛呢？长出的毛到底是什么东西呢？

化学原理

原来，铝是一种较活泼的金属，容易被空气中的氧气氧化变成氧化铝。一般的铝制品之所以能免遭氧化，是由于铝制品表面有一层致密的氧化铝外衣保护着。在铝箔的表面涂上硝酸汞溶液以后，硝酸汞穿过保护层，与铝发生置换反应，生成了液态金属——汞。汞能与铝结合成合金，俗称铝汞齐，在铝汞齐表面的铝没有氧化铝保护膜的保护，便很快被空气中的氧气氧化成了白色固体氧化铝。当铝汞齐表面的铝因氧化而减少时，铝箔上的铝会不断溶解进入铝汞齐，并继续在表面被氧化，生成白色的氧化铝，最后使用铝箔捏成的鸭子长满白毛。

知识小链接

取代反应

取代反应是指分子中氢原子被其他原子或原子团所替代的反应。广义的常称置换反应，是指任何原子或原子团被另一原子或原子团所替代的反应。在反应中，关键在于还原性或氧化性的强弱，还原性或氧化性强的物质与相对较弱的物质进行置换。

 延伸阅读

1827 年，德国化学家韦勒把钾和无水氯化铝共热，制得铝。

铝为银白色，有金属光泽，密度为 2.702 克/厘米^3，熔点为660.323 ℃，沸点为 2 519 ℃，具有良好的导热性、导电性和延展性。铝是活泼的金属元素，但在空气中其表面会形成一层致密的氧化膜，使之不能与氧、水继续作用。在高温下能与氧反应，放出大量的热，用此种高反应热，铝可以从其他氧化物中置换金属（铝热法）。

在高温下铝也与非金属发生反应，亦可溶于酸或碱，放出氢气。对水、硫化物、浓硫酸、任何浓度的醋酸，以及一切有机酸类均无作用。

铝制品

铝以化合态的形式存在于各种岩石或矿石里，如长石、云母、高岭石、铝土矿、明矾石等。由铝的氧化物与冰晶石（Na_3AlF_6）共熔电解制得。

从氧化铝中提取铝的反应过程如下：

（1）溶解：将氧化铝溶于氢氧化钠溶液中。

$$Al_2O_3 + 2NaOH = 2NaAlO_2 + H_2O$$

（2）过滤：去除残渣氧化铁、硅铝酸钠等。

（3）酸化：向滤液中通入过量二氧化碳。

$$NaAlO_2 + CO_2 + 2H_2O = Al(OH)_3\downarrow + NaHCO_3$$

（4）过滤、灼烧氢氧化铝。

$$2Al(OH)_3 \xrightarrow{\text{高温}} Al_2O_3 + 3H_2O$$

注：电解时为使氧化铝的熔融温度降低，在氧化铝中添加冰晶石（Na_3AlF_6）。

（5）电解熔融氧化铝。

$$2Al_2O_3 \xrightarrow{\text{通电}} 4Al + 3O_2\uparrow$$

注：不电解熔融氯化铝炼铝的原因是氯化铝是共价化合物，其熔融态不导电。

铝的合金质轻而坚韧，是制造飞机、火箭、汽车的结构材料。纯铝大量用于制造电缆，并被广泛用来制作日用器皿。

绿色植物中的化学知识

 你知道吗

　　绿色植物维系着生态平衡，使万物充满生机。从化学角度看，绿色植物还微妙而准确地反映着人类周围环境的特征和变化，供给人类许多有用的信息和物质。那你都知道哪些关于绿色植物的化学知识呢？

 化学原理

　　海州香薷有铜草花之称，生长茂盛的铜草能够吸收土壤中过多的铜元素，"见铜草，便有铜"。铁桦树被称为比钢铁还硬的树，是因为大量的硅元素被它吸收，人们根据铁桦树的形态特征和分布范围，就有可能找到硅矿。科学家们经过多年调查研究，验证野生中国石竹就是金矿直接指示植物，确定它与金矿存在空间上的伴生关系。

　　许多绿色植物还起着化学试剂的作用。杜鹃花和铁芒箕共生的地方，土壤是酸性的；马桑遍野之地，土壤呈微碱性；碱茅、马头草丛生处，是盐化草甸土；如果荨麻、接骨木的叶里含有铵盐，就预示着它们生长的土壤中含氮量丰富。

杜鹃花

在"环境污染日益严重"的惊呼声中，绿色植物起着"报警器"的作用。在低浓度、微量污染的环境中，人是感觉不出来的，而一些植物则会出现受害症状。人们据此来观测与掌握环境污染的程度、范围及污染的类别和毒性强度，进而采取相应的措施和对策，及时提出治理方案，防止污染对人体健康的危害。

当你发现在潮湿的气候条件下，苔藓枯死，雪松呈暗褐色伤斑，棉花叶片发白，各种植物出现烟斑病，请注意，这是被二氧化硫污染的迹象。菖蒲等植物出现浅褐色或红色的明显条斑，是中毒之兆。假如丁香、垂柳萎靡不振，出现白斑病，说明空气中有臭氧污染。要是秋海棠、向日葵突然发出花叶，多半是讨厌的氯气在作怪。

广角镜

荨麻

荨麻是一种多年生草本植物，叶对生，雌雄同株或异株。其茎叶上的蜇毛有毒性，会引起过敏反应，人和动物一旦碰上就如蜂蜇般疼痛难忍，皮肤接触后会立刻引起刺激性皮炎，如瘙痒、红肿等。荨麻是喜阴植物，生命旺盛，生长迅速，对土壤要求不严，喜温喜湿。广泛分布于亚欧大陆，在我国分布在云南中部、贵州、四川东南部、湖北和浙江等地。

趣味点击

菖蒲

菖蒲，也叫白菖蒲、藏菖蒲，是一种菖蒲科的水生草本植物，叶很长，最长能够到80厘米，有香味。夏季的时候，菖蒲会开黄色的花。菖蒲分布很广，整个温带地区基本能找到它，中国各地也都有分布。菖蒲可以被用来提取芳香油。端午节有把菖蒲叶和艾捆在一起的习俗。

基本小知识

氯

氯的符号为 Cl，氯气分子式为 Cl_2，是浅黄绿色气体。它的熔点是 $-101.5℃$，沸点是 $-34.04℃$。有毒，对呼吸器官有强烈刺激性。常温时，在 $6×10^5$ 帕下即可液化。稍溶于水，并水解产生不稳定的次氯酸，易溶于四氯化碳、二硫化碳等有机溶剂中。氧化能力很强，能同许多金属和非金属元素直接反应而成氯化物。氯气在工业上由电解食盐水溶液制取，实验室中用二氧化锰和盐酸制得。氯可用于制合成盐酸、漂白粉、农药、染料、溶剂和塑料等。

绿色植物是天然的空气净化器，它可以吸收大气中的二氧化碳、二氧化硫、氟化氢、氨气、氯气及汞蒸气等。全世界每年排放的上亿吨大气污染物，其中大部分降到低空，除部分被雨水淋洗外，其余的依靠植物表面被吸收掉。许多植物在它们能忍受的浓度下，可以吸收一部分有毒气体。例如，空气中出现二氧化硫污染时，广玉兰、银杏、槐树、梧桐、樟树、杉树、柏树、臭椿纷纷出动来吸收；若发现氯气污染，油松、夹竹桃、女贞、连翘一起去迎战；发现氟化氢污染，构树、杏树、郁金香、扁豆、棉花、西红柿一马当先吸收之；洋槐、橡树专门

广角镜

氨

氨是氮的最普通的氢化物，分子式为 NH_3，是一种无色气体，有强烈的刺激气味。极易溶于水，常温常压下，1 体积水可溶解 700 体积氨。氨对地球上的生物相当重要，它是许多食物和肥料的重要成分，是许多药物直接或间接的组成。氨有很广泛的用途，在染料、塑料等方面有重要应用，也是常用的制冷剂，用于室内冰场、飞播增雨等操作中。

对付光化学烟雾。

延伸阅读

想不到吧，植物之间也有"战争"。植物间的化学战有"空战""陆战""海战"三类。

空战　一些植物把大量毒素释放于大气中，形成大气污染，使其他植物中毒死亡。洋槐树皮能挥发一种物质杀死周围杂草，使根株范围内的杂草存活率低；风信子、丁香花都是采用空战制敌的。

陆战　一些植物把毒素通过根尖大量排放于土壤中，对其他植物的根系吸收能力加以抑制。如禾本科牧草高山牛鞭草，根部分泌醛类物质，对豆科植物扭旋、对绿豆生长进行封锁，使之根系生长差，根瘤菌也明显减少。

海战　一些植物利用降雨和露水把毒气溶于水中，形成水污染而使对方中毒。如桉树叶的冲洗物，在天然条件下可以使禾本科草类和草本植物丧失战斗力而停止生长；紫云英叶面上的致毒元素——硒，被雨淋入土中，就能毒死它周围的植物异种。

绿色世界中的化学变化是异常复杂多变的，人们对它的认识大多还处在"知其然，不知其所以然"的状态，有待于进一步去研究。

铅笔的绝招

你知道吗

铅笔是用来写字的，但它另有绝招——能"医"锈锁。生锈的锁打不开，在放钥匙的孔内加一点铅笔芯粉末，往往就能打开锈锁。铅笔芯怎么会有这种绝招呢？

化学原理

原来，铅笔芯里含有石墨，而石墨有润滑性。用手摸摸铅笔芯的粉末，会有一种滑腻的感觉。所以，铅笔芯能润滑锈锁。

石墨的熔点很高，达3 000 ℃。作为润滑剂，它特别适用于在高温状态下工作的机器。在高温下，一般机油会分解，然而，石墨却"安然无恙"，继续发挥润滑作用。

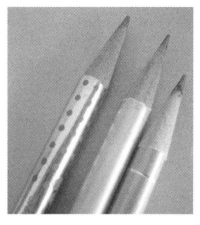

铅　笔

知识小链接

石　墨

石墨的化学成分为碳，为六方晶系或三方晶系。单晶体呈六方板状或片状；集合体呈鳞片状。铁黑色，条痕呈光亮的黑色，半金属光泽，有滑感，是电的良导体，耐腐蚀。石墨主要产于变质岩中，由煤或碳质沉积物受区域变质作用而成。高纯度石墨在核反应堆中用作减速剂；电工方面用以制作电弧炉、电池和弧光灯的电极以及电机的电刷等；还可作制造坩埚、铅笔等的原料及化工设备和机器的润滑剂、涂料。中国石墨储量和产量均居世界首位。

有一种轴承，它在成型时加进了石墨粉，能长期工作而不必加油润滑，因为它自身有石墨在起润滑作用。这是多么巧妙的轴承啊。

在直升机机舱的门钮上，已经大量使用新型高精度的纯石墨轴承。这种轴承既耐低温又耐高温，特别令人惊叹的是，在真空条件下，它仍能保持良好的润滑性。

铅笔芯有硬有软，有黑有淡。这是怎么一回事？如果你能注意到铅笔笔杆上标的符号（6H、5H、4H、2H、H、HB、B、2B、3B、4B、5B、6B），就不难总结出下面的规律。

这里 H 代表英语单词 Hard（硬），B 代表英语单词 Black（黑）。铅笔芯以石墨为原料。石

石　墨

墨虽然很黑，但太软了，所以必须掺入些纯黏土。黏土加得越多，硬度就越大，笔迹也就越淡。

中小学生书写用的铅笔多是 HB，5B、6B 型铅笔多用于画画，而 5H、6H 型铅笔多用于多层复写。

工人们把石墨和黏土分别研细，然后混合，再加入适当辅助材料，把它们揉成黑面团，在机器里像挤牙膏一样把黑面团变成黑面条。把黑面条烘干，便成了铅笔芯。

死海不死的秘密

死海位于约旦和巴勒斯坦交界处，是世界上海拔最低的湖泊，湖面低于地中海海面430.5米，南北长80千米，东西宽4.8～17.7千米，面积1 020平方千米。死海也是世界上最深、最咸的湖，最深处395米，湖水盐度达300～332克/升，为一般海水的8.6倍。水

生植物及鱼类不能生存其中，沿岸草木很少，故有死海之称。死海中氯化物储量在 420 亿吨以上，并有溴化镁，可提炼各种盐类。在很久很久以前，古罗马帝国的统帅曾经下令把俘虏扔到死海里淹死，可俘虏们却屡次漂到岸上逃走了。你知道为什么人在死海里淹不死吗？

 化学原理

人类对大自然奇迹的认识经历了漫长的过程，最后依靠科学才揭开了大自然的秘密。死海的形成，是流入死海的河水不断蒸发、矿物质大量下沉的自然条件造成的。那么，为什么会造成这种情况呢？死海属地中海气候，夏季炎热干燥，冬季温暖温润，气温高，蒸发量就

 广角镜

阿萨勒湖

阿萨勒湖是非洲咸水湖，位于非洲东部偏北，吉布提中部，塔朱拉湾以西的阿萨勒洼地中。南北长 16 千米，东西宽 6.5 千米，四周为火山。湖面低于海平面 153 米，为非洲大陆最低点。湖水盐度高达 325 g/L，湖岸平直。湖区气候干燥，湖周多荒漠，产盐。

大，晴天多，日照强，雨水少，补充的水量微乎其微，死海变得越来越"稠"——"入不敷出"，沉淀在湖底的矿物质越来越多，咸度越来越大。于是，经年累月，便形成了世界上第一咸的咸水湖——死海。

虽然大部分动植物在死海无法生存，但它对人类的"照顾"却是无微不至的，因为它会让不会游泳的人在海中游泳。进入死海中的人，都会被海水的浮力托住，这是因为死海中水的比重是 1.17 ~ 1.227，而人体的比重为 1.02 ~ 1.097。因此，人可以悠闲地仰卧在海面上，一只手拿着遮阳伞，另一只手拿着画报阅读，随波漂浮。

基本小知识

比 重

比重也称相对密度，是指物质的密度与标准物质的密度之比。固体和液体的比重是该物质（完全密实状态）的密度与在标准大气压、4℃时纯水下的密度（999.972 千克/米³）的比值。气体的比重是指该气体的密度与标准状况下空气密度的比值。液体或固体的比重能说明它们在另一种流体中是下沉还是漂浮。比重是无量纲量，即比重是无单位的值，一般情形下随温度、压力而变。比重简写为 s. g. 。密度是有量纲的量。

延伸阅读

死海的海水不但含盐量高，而且富含矿物质。常在海水中浸泡，对治疗关节炎等慢性疾病有一定的效果。因此，死海每年都吸引了数十万游客来此休假疗养。死海海底的黑泥含有丰富的矿物质，成为市场上抢手的护肤美容品。由于美容的特殊功效，富含矿物质的死海黑泥成为其周边国家宝贵的出口产品。死海中大量的矿物质还具有一定的镇痛效果。

死海的浮力

死海的沙滩

虽说死海淹不死人，但要漂起来还是需要一定的技巧的，否则海水溅入眼睛可不是好玩的事情。因此，到死海游泳可千万不能扑通一声跳下去，会游不见得会浮。在死海漂浮切忌动作过大而弄出水花溅进眼睛，因为海水太浓，哪怕有一小滴进入眼睛，都会令人难受得要命。有经验的人都会带上一瓶淡水放在岸边，以便用来及时冲洗。如果有人不小心喝了一口，胃里会难受好几天，想吐也吐不出来。岸边的结晶体坚硬带刺状，很容易划破皮肤。进入死海，平时微小到自己根本察觉不到的细小伤口马上就有灼热感，真如同"伤口上撒盐"，不过经过死海盐浴后伤口会好得快。另外，死海大部分海滩都是颗粒较大的鹅卵石沙滩，经常打赤脚走路的人，在沙滩上走一步甚至站着都感到脚底疼痛难忍，所以说死海也危险。

"魔鬼谷"的秘密

？ 你知道吗

东起青海省的布伦台，西至新疆维吾尔自治区巴音郭楞蒙古自治州若羌县南部的昆仑山支脉，有一条长约 100 千米，宽约 30 千米的大谷地，历来被人们称为"魔鬼谷"。一遇天气骤变，这个谷地便会成为阴暗恐怖的地狱：平地生风，电闪雷鸣，尤其是滚滚炸雷，震得地动山摇，成片的树木被烧得身焦枝残。偶尔有误入其中者，往往因遭雷击而绝少生还。几百年来，这里被附近以游牧为生的牧民视为禁地。

青海"魔鬼谷"

化学原理

这一谷地地层中，除有大面积三叠纪火山喷发的强磁性玄武岩体外，还伴有 100 多个铁矿脉及石英闪光岩体。经伽玛法测试，这里的磁场相当强。地下岩体和铁矿带所产生的强大磁场的电磁效应，引来了雷电云层中的电荷，因而产生了空气放电，形成了炸雷。一旦遇上地面突出物体，雷电就会产生尖端放电现象，因而牧场上的人和畜群就成了雷电轰击的目标。

> ▨ **广角镜**
>
> ### 三叠纪
>
> 始于距今 2.5 亿年至 2.03 亿年，延续了约 5000 万年。海西运动以后，许多地槽转化为山系，陆地面积扩大，地台区产生了一些内陆盆地。这种新的古地理条件导致沉积相及生物界的变化。从三叠纪起，陆相沉积在世界各地，尤其在中国及亚洲其他地区都有大量分布。古气候方面，三叠纪初期继承了二叠纪末期干旱的特点；到中、晚期之后，气候向湿热过渡，由此出现了红色岩层含煤沉积、旱生性植物向湿热性植物发展的现象。植物地理区也同时发生了分异。

而这一谷地的牧草之所以生长茂盛，正是由于雷电所产生的高温使空气中的氮气和氧气生成了一氧化氮，一氧化氮继续与氧气反应生成二氧化氮，二氧化氮遇水形成硝酸，随雨水落下后，与土壤中的岩石作用形成能溶于水、易于植物吸收利用的硝酸盐。牧草由于吸收了生长所需要的氮元素而变得枝叶茂盛。

 延伸阅读

世界上有许多"死谷"，人们一进去就再也出不来了，可你们是否知道，世界上还有一个"杀人湖"呢？

1984 年的一天清晨，在非洲足球强国喀麦隆的莫瑙恩湖湖畔，人们发现了 30 多具尸体，他们的鼻和口中，都有许多血迹，身上还有轻度的灼伤。

是谁杀害了他们呢？

警方在调查后得知，前一天晚上，莫瑙恩湖曾发出了一声震耳欲聋的爆炸声。他们去请教科学家，科学家在研究分析了莫瑙恩湖之后，说这个湖泊就是造成 30 多人死亡的罪魁祸首。

这是什么原因呢？

原来莫瑙恩湖坐落在火山附近，由于火山喷发，湖底充满了大量的二氧化碳。地壳运动导致湖底出现了滑坡，水对二氧化碳的压力变小，于是大量的二氧化碳从水中跑了出来，当时正好有 30 多人待在湖边，高浓度的二氧化碳使他们在瞬间窒息死亡。

那天早上雾很大，二氧化碳遇水形成碳酸，因而死者身上有轻度的灼伤。法医解剖尸体后证实了科学家的断言。

诗歌中的化学

？ 你知道吗

杜甫是唐代著名诗人，为我们留下了许多传诵千古的不朽诗篇。他在一首诗中记述了一件令他十分迷惑不解和懊恼的事情：

客从南溟来，遗我泉客珠。

珠中有隐字，欲辨不成书。

缄之箧笥久，以俟公家须。

开视化为血，哀今征敛无！

诗的大意是说，从南方来了一位

杜 甫

客人，他送给诗人一颗珍珠，珍珠上似乎有字迹，想辨认又不成字。诗人把珍珠珍藏在竹箱中，过了很久，他打开箱子，却发现珍珠变成了红色的液体。你能替杜甫解释一下这一现象吗？

化学原理

珍珠是珍珠贝的外套膜受到刺激后产生的分泌物质聚积而成的，它的主要成分是碳酸钙，还有少量的有机质。碳酸钙难溶于水，但在酸性条件下能转变为酸式盐而溶解。

珍　珠

基本小知识

珍珠贝

珍珠贝属于双壳类，和贻贝以及扇贝一样，是用足丝附着在岩石、珊瑚礁、砂砾或其他贝壳上生活的种类。珍珠贝为暖海产，在我国的福建、广东沿海十分普遍。珍珠贝的种类很多，有珍珠贝、大珍珠贝、马氏珍珠贝、企鹅珍珠贝等，其中以马氏珍珠贝最普通，合浦的珍珠就是从这种珍珠贝中采得的。

杜甫住的房子因漏雨而潮湿，竹箱没有防潮的性能，遇到水和空气中的二氧化碳后，珍珠就发生了化学变化，化成了红色液体。杜甫当时不知道这些化学知识，所以会迷惑不解。

 延伸阅读

在工地上常常能见到工人把很多水浇到大堆大堆的生石灰上，石灰堆上不住地冒出热气。原来，生石灰在变成熟石灰时会放出大量的热，足以使水沸腾，这热气便是受热生成的水蒸气。要是往石灰堆里埋一个生鸡蛋，过不了多久，它就被煮熟了。

利用生石灰与水反应能放出大量热量的特性，如今市场上流行起了各式各样的自热食品。

自热食品通常由内盒和外盒组成，内盒放置食物，外盒底部有一个发热包，其主要成分便是生石灰。在食用前，只需将内盒放入外盒，加入适量的水，水与发热包中的生石灰迅速发生反应，放出大量的热量。这些热量通过外盒传递给内盒，从而对食品进行加热。短短几分钟，一份热气腾腾的美食就呈现在眼前。

生石灰与水反应除了放出热量之外，还有一种膨胀力。它能使水泥构件和岩石发生破裂。因而，人们可以把生石灰制成化学破碎剂，用它来拆除旧的水泥楼房。与传统的爆破方法相比，它具有无爆炸声、无振动、无尘土等优点，还能保证施工人员的安全。

神通广大的活性炭

 你知道吗

1915 年第一次世界大战期间，西方战线的德法两军正处在相持阶段。德军为了打破僵局，在 4 月 22 日突然向英法联军使用了可怕的新武器——化学毒气氯气 18 万千克。英法士兵当场死了 5 000

多人，中毒的有1.5万多人。

有"矛"必然就会发明"盾"，有化学毒气必然就会发明防毒武器。在两个星期后，军事科学家就发明了防护氯气毒害的武器，他们给前线每个士兵发了一种特殊的口罩，这种口罩里有用硫代硫酸钠和碳酸钠溶液浸过的棉花。这两种药物都有除氯的功能，能起到防护的作用。

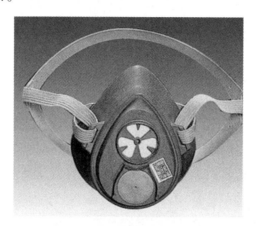

活性炭防毒面罩

可是，敌方并不老是使用氯气，如改用第二种毒气，这种口罩就无能为力了。事实也是如此，在使用氯气后还不到一年，双方已经用过几十种不同的化学毒气。所以，必须找到一种能使任何毒气都失去毒性的物质。这种"万能"的解毒剂在1915年末被科学家找到了，它就是活性炭。那么活性炭是如何防毒的呢？

 化学原理

将木材隔绝空气加热可以得到木炭。木炭是一种多孔性物质，多孔性物质的表面积很大。物质的表面积越大，它吸附其他物质的分子也就越多，吸附作用也就越强。如果在制取木炭时不断地通入高温水蒸气，除去黏附在木炭表面的油质，使内部的无数通道通畅，那么木炭的表面积必然会变得更大。经过这样加工的木炭，叫作活性炭。显然，活性炭比木炭有更强的吸附能力，是一种常用的吸附剂。

1917 年，交战双方的防毒面具里都已装上了活性炭。活性炭的"眼睛"为什么那么雪亮，能"抓住"毒气而放过氧气和氮气呢？原来，活性炭的吸附作用与被吸附的气体沸点有关。沸点越高的气体（即越容易液化的气体），活性炭对它的吸附量越大。军事上使用的大多数化学毒气的沸点都比氧气和氮气高得多。

吸附剂

吸附剂是能有效地从气体或液体中吸附其中某些成分的固体物质。吸附剂一般有以下特点：有比较大的表面积、适宜的孔结构及表面结构；对吸附质有强烈的吸附能力；一般不与吸附质和介质发生化学反应；制造方便，容易再生；有良好的机械强度等。吸附剂可按孔径大小、颗粒形状、化学成分、表面极性等分类，如粗孔和细孔吸附剂，粉状、粒状、条状吸附剂，碳质和氧化物吸附剂，极性和非极性吸附剂等。

 延伸阅读

请不要以为活性炭只用在防毒面具里，它还有许多其他用途。

各种各样的活性炭

在自来水工厂里，如果水源有臭味，只要让水流过活性炭后就不臭了。你也许会说自来水仍然有股味。这是氯的气味，因为自来水常用氯来消毒。

在制糖厂里，工人们往红糖水里加一些活性炭，经过搅拌和过滤，可以得到无色液体，再减压蒸发水分，红糖就变成晶莹的白糖了。

有不少养金鱼的缸里装着电动水泵，让水循环通过滤清器，滤清器里也用活性炭去吸附水中的臭味和杂质。

迷惑敌人的烟幕弹

？你知道吗

看过战争片的人都知道，在发起进攻之前，士兵往往要发射一种特制的炮弹。霎时，只见眼前浓烟滚滚，什么都看不清楚，而进攻方就在烟雾的掩护下，向敌人发动猛烈的进攻。

烟幕弹

这种炮弹究竟是用什么材料制成的呢？

 化学原理

原来这种特制的炮弹叫烟幕弹，它里面装的不是炸药，而是一种叫作四氯化锡的无色液体。在常温下，锡会与盐酸发生反应生成二氯化锡，在二氯化锡的溶液中通入氯气，二氯化锡就会转变为四氯化锡。四氯化锡的"脾气"很特别，它一般很"老实"，但一遇水蒸气就会"大发脾气"，马上发生水解，冒出大量的白烟，形成一团烟雾。

四氯化锡的这个怪"脾气"很不讨人喜欢，然而军事科学家却十分欣赏它。他们把它装在空心的炮弹中，就制成了烟幕弹，在战争中有很重要的作用。

 延伸阅读

锡是一种银白色而又柔软的金属，与铅、锌很相似，但看上去要更亮一些。它的硬度比较低，用小刀就能切开它。锡具有良好的延展性，能展成极薄的锡箔。

锡也是一种低熔点的金属，它的熔点只有 $231.93℃$。因此，只需用蜡烛的火焰就能把它熔化成像水银一样的流动性很好的液体。

纯锡有一种奇特的性能：当锡棒和锡板弯曲时，会发出一种特别的仿佛是哭泣声的爆裂声。这种声音是由晶体之间的摩擦引起的。当晶体变形时，就会产生这样的摩擦。奇怪的是，如果换用锡的合金，在变形时，却不会发出这种声音。因此，人们常常根据锡的这一特性来鉴别一块金属究竟是不是锡。

马口铁礼盒

金属锡的主要用途之一就是用来制造镀锡铁皮。锡铁皮就是人们常说的"马口铁"，这是一种镀了锡的铁皮。别看上面的锡层很薄，但却是非常有用的"外衣"。铁皮"穿"上这件"外衣"，不仅美观，而且能获得很多优良的性质。

如何用化学方法显示指纹

 你知道吗

世界上没有完全相同的两片树叶，同样，世界上也没有两个人的指纹是完全一样的。于是，指纹成了鉴别一个人的身份重要的依据之一。我们常常说"天网恢恢，疏而不漏"，罪犯在犯罪时，总会"百密一疏"，留下蛛丝马迹，其中就包括指纹。而这些指纹很难用肉眼看清楚，也无法使人做出正确的判断。那么，刑侦技术人员又是如何让这些指纹"现出原形"的呢？

 化学原理

罪犯作案时留下的指纹印上总会有微量物质，如油脂、盐分和氨基酸等。由于指纹凹凸不平，其微量物质的排列与指纹纹路呈相同走向。因此，只需要检测这些微量物质就能显示指纹。常用的方法有以下几种：

（1）用碘蒸气熏

因为碘能溶解在指纹印的油脂中而显示指纹。纯净的碘是一种紫黑色、有金属光泽的晶体，碘易溶于有机溶剂。由于指纹含有油脂等有机溶剂，当碘遇热升华后的蒸气遇到这些有机溶剂时，就会溶解其中，因此指纹也就显示出来了。用碘蒸气熏法可检出数月前的指纹。

（2）喷硝酸银溶液

指纹上残存的盐分遇到硝酸银溶液会转变为白色的氯化银。化学反应如下：

$$NaCl + AgNO_3 = NaNO_3 + AgCl\downarrow$$

经日光照射氯化银会分解：

$$2AgCl \xrightarrow{光照} 2Ag + Cl_2$$

因为黑色银的细小颗粒，指纹就能显示出来，这也是刑侦破案中的常用方法，可检出比用碘蒸气熏法时间更长的指纹。

（3）宁海德林法

将试剂喷在检体上，与身体分泌物的氨基酸产生反应后，会呈现出紫色的指纹。

（4）荧光试剂法

荧光氨与邻苯二甲醛几乎能马上与指纹上残留物的蛋白质或氨基酸作用，产生高荧光性指纹。此试剂可以用在彩色物品的表面。

采集证据还可以使用其他的方法，如三秒胶法，即利用氰丙烯酸酯的气体与水和氨基酸分子反应而产生指纹。此外还有激光法等可检出指纹。

基本小知识

指　纹

指纹是灵长类手指末端指腹上由凹凸的皮肤所形成的纹路，也可指这些纹路在物体上印下的印痕。当人的手指接触到物品时，通常可在该物品上留下指纹，这些印痕最常在犯罪学、法医学上被当作证据。指纹不会增加摩擦力。指纹重复的机会极微，即使相近也能分辨。目前尚未发现有不同的人拥有相同的指纹，每个人的指纹是独一无二的。广义的指纹也包括了手掌纹、脚纹和脚掌纹。